输电线路
扩径导线应用技术

SHUDIAN XIANLU
KUOJING DAOXIAN YINGYONG JISHU

万建成 等 编著

中国电力出版社
CHINA ELECTRIC POWER PRESS

内 容 提 要

扩径导线是指与截面积基本相同的圆线同心绞架空导线相比，外径增大了的导线。合理选用输电线路扩径导线可以显著降低线路工程的成本。

本书包括扩径导线技术综述、扩径导线与常规导线的技术经济比较、扩径导线的设计与制造技术、疏绞型扩径导线的截面稳定性评估体系与系列化、扩径导线应用特点、疏绞型扩径导线配套金具、扩径导线施工工艺与施工机具等内容。

本书既有原创性的理论创新，也有从实践中总结出来的经验。本书适合输电线路工程的设计、施工和运维技术人员使用。

图书在版编目（CIP）数据

输电线路扩径导线应用技术 / 万建成等编著 . —北京：中国电力出版社，2019.6
ISBN 978-7-5198-2947-6

Ⅰ．①输… Ⅱ．①万… Ⅲ．①输电线路－扩径－导线（电） Ⅳ．① TM726

中国版本图书馆 CIP 数据核字（2019）第 023589 号

出版发行：中国电力出版社
地　　址：北京市东城区北京站西街 19 号（邮政编码 100005）
网　　址：http://www.cepp.sgcc.com.cn
责任编辑：刘　薇（010-63412357）
责任校对：王小鹏
装帧设计：左　铭
责任印制：石　雷

印　　刷：三河市百盛印装有限公司
版　　次：2019 年 6 月第一版
印　　次：2019 年 6 月北京第一次印刷
开　　本：710 毫米 ×1000 毫米　16 开本
印　　张：11.75
字　　数：194 千字
印　　数：0001—1500 册
定　　价：48.00 元

随着我国电网建设的不断加强，以西电东送、南北互供、全国联网为目标，以特高压、长距离、大容量等为特征的骨干输电工程不断涌现。这些输电工程承担着重大的输送电能的任务，直接为一个或几个地区的电网供电，一旦出现问题，将直接影响该地区或更大范围内电网的供电保障能力。同时，工程系统条件、输电线路地形条件和气象差异也越来越复杂。因此输电工程在设计、建设与运行上，对提高该工程乃至全电网的输送能力和可靠性、降低其电磁影响和加强自然环境的保护、降低工程造价等方面提出了更高要求。

降低工程建设投资和改善输电线路电磁环境是实现电网企业建设"环境友好型、资源节约型"电网的重要体现方式。一般而言，输变电工程中输电线路投资占本体投资总额的 35%～50%，因此输电线路工程设计很有必要选用更加经济、环保的材料或技术，同时在建设施工上采用更加科学合理的方案。扩径导线是指与截面积基本相同的圆线同心绞架空导线相比，外径增大了的导线，扩径导线的扩径方式（即其结构）可以有多种。对于某些特定的输电线路工程，通过科学规划、合理选用扩径导线，可以达到上述目的。

中国电力科学研究院，特别是本书编者为了更好地推动扩径导线在输变电工程上的应用，投入了大量的时间和精力进行研发工作，取得大量成果。这些成果既有原创性的理论创新，也有从实践中总结出来的经验。为进一步在合适的工程中推广扩径导线，本书对上述成果进行了梳理和论述。推荐扩径导线的结构应按照相关导线制造标准，并考虑导线截面积、电晕要求及载流量等因素进行设计；为保证扩径导线满足张力架线施工要求，避免扩径导线在展放过程中出现散股、跳股现象，对疏绞型扩径导线，通过导线截面稳定性试验和建立导线截面稳定性仿真模型，创建扩径导线结构稳定性评估方法；并利用有限元仿真手段对铝股直径、数量、外层铝股间隙及铝型线股等因素对扩径导线截面稳定性的影响进行了分析，给出了扩径导线系列化型谱表。与生产普通导线相比，对制造扩径导线的原材料的技术参数提出明确要求，并对制造中的关键工艺和要点进行了说明。利用仿真计算和试验手段对扩径导线弧垂特性、自阻尼特性、过滑轮特性、铝股应力分布规律、压接特性进行研究，提出了明确结论。采用试验分析与工程验证相结合的方式，提出了选择扩径导线展放用施工机具的关键原则；提出了针对扩径导线技术特点及其施工（张力放线、紧线及液压压接等环节）的要点以及适用性。

希望本书能为输电线路工程的设计、施工和运维技术人员提供参考，促进扩径导线在输电线路工程中的应用，并推进导线制造厂提高扩径导线生产制造水平。

本书由万建成主编，并负责编写了第一～七章；赵新宇参与编写了第二章，徐静参与编写了第三章，司佳钧、刘龙参与编写了第四、五章，刘臻参与编写了第六章，夏拥军、江明、刘开、马一民、吴念朋参与编写了第七章。

在本书筹划过程中得到了王钢、郑怀清、郎福堂先生的大力帮助；参与本书编写的所有作者付出了辛勤的劳动，取得了卓有成效的成果；本书的编写工作得到了编写组成员所在单位的支持；在此一并表示衷心感谢！

由于编者知识和经验有限，书中难免存在疏漏之处，敬请广大读者批评指正。

编　者

2019 年 1 月

contents **目 录**

第一章 扩径导线技术综述

第一节 扩径导线技术基本原理及作用

扩径导线（expanded diameter conductor）是与导体截面基本相同的圆线同心绞架空导线相比外径扩大了的导线。换言之，扩径导线就是在导电截面不变的前提下，用导体线股疏绞或中心管材支撑等方式扩大外径的导线。通过科学规划，合理选用、设计扩径导线是实现建设"资源节约型、环境友好型"工程的重要途径。扩径导线的使用示意图如图 1-1 所示[1]。

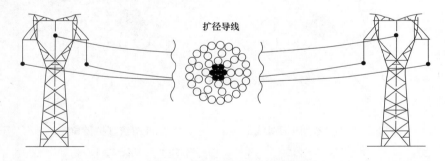

图 1-1　扩径导线在线路上的使用示意图

在子导线导体截面相等、分裂根数和分裂间距不变的情况下，扩径导线因较普通导线外径增大，导线表面电场强度得到降低，从而达到提高起晕电压并减小可听噪声等效果，进而改善了输电线路的电磁环境。在满足电磁环境限值和输电容量的前提下，相对于常规导线，扩径导线还可以减少导线分裂根数和导线的总重量，从而减少杆塔的垂直荷载，进而降低投资。

扩径导线已在西北高海拔地区 330、750kV 和 1000kV 输电线路工程成功应用，改善了线路电磁环境，降低了工程造价约 1%，极大地提高了我国工程建设、设计和导线制造技术水平，促进了电力工业的技术进步。

第二节　扩径导线分类及适用性

一、扩径导线分类

（一）按结构特点分类

扩径导线类型很多，结构差异较大。按照结构特点，可将国内研发成功的扩径导线总结为以下四类。

（1）圆线疏绞型扩径导线。圆线疏绞型扩径导线由中间疏绞层导体起到支撑作用，如图 1-2、图 1-3 所示，采用内、外层导体均排满的稳定结构，可减少中间疏绞层铝股的滑动，为外层提供良好的支撑，有利于导线结构的稳定。

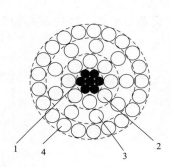
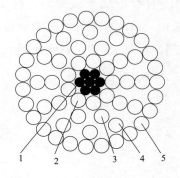

图 1-2　圆线疏绞型扩径导线 1　　　　图 1-3　圆线疏绞型扩径导线 2

1—钢芯；2—内层；　　　　　　　　1—钢芯；2—内层；3、4—疏绞层；

3—疏绞层；4—外层　　　　　　　　　　　　5—外层

（2）高密度聚乙烯（HPE）支撑型扩径导线。高密度聚乙烯支撑型扩径导线扩径层采用 HPE 拉制成型，如图 1-4 所示，使得扩径层重量大大降低，结构重量轻，不受扩径倍数限制，还显著提高了扩径导线的弯曲半径，此外，还对钢芯具有不透水、不透光保护作用，有利于延长导线使用寿命。

（3）铝管支撑型扩径导线。铝管支撑型扩径导线用导电金属铝或铝合金制成轧纹支撑管，在管外绞上铝或铝合金单线而制成，如图 1-5 所示。该类扩径导线扩径比大，弯曲半径大，但施工较为困难，成本较高。

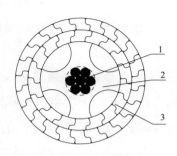

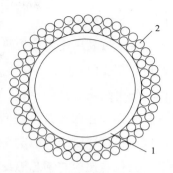

图 1-4　高密度聚乙烯（HPE）
支撑型扩径导线

1—钢芯；2—聚乙烯扩径层；3—导电材料

图 1-5　铝管支撑型扩径导线

1—轧纹铝管；2—耐热铝单线

铝管支撑型扩径导线只能用于变电站用母线，距离通常较短，不用考虑弧垂、张力等问题，经工程应用证明其应用效果良好。

（4）型线疏绞支撑外层圆线扩径导线（简称型线疏绞型扩径导线）。型线疏绞型扩径导线主要是改进导线非外层铝线的结构形式，采用型线疏绞式支撑外层圆线，疏绞层铝型线采用梯形型线，从而扩大了导线外径。如图 1-6 所示。

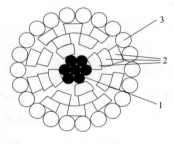

图 1-6　型线疏绞型扩径导线

1—钢芯；2—均匀疏绞的
型线支撑层；3—外层圆线

在选择扩径导线的扩径方式时，要考虑导线的结构稳定性、经济性和可施工性。上述几种扩径方式的优缺点比较见表 1-1。

表 1-1　　　　　　　　　　　扩径方式优缺点比较

扩径导线种类	优点	缺点	适用范围	应用情况
圆线疏绞型扩径导线	生产工艺成熟稳定；价格较低	结构稳定性较差；施工有难度；扩径比小	架空线路、扩径跳线	大量应用
高密度聚乙烯（HPE）支撑型扩径导线	重量低；扩径比大	支撑芯加工困难；型线比例高，成本高	架空线路	未应用
铝管支撑型扩径导线	导电材料制成金属铝管，不增加导电材料，扩径比大，无电化学腐蚀	弯曲半径至少为导线直径的20倍，施工有难度，加工成本较高	发电厂、变电站用母线	大量应用
型线疏绞支撑外层圆线扩径导线	结构稳定；制造工艺简单；扩径比较大	型线比例较大，成本较高；施工有难度，放线或紧线过程中跳股不易修复	架空线路	未应用

（二）按用途分类

扩径导线按其用途可分为两大类：一类扩径导线应用于输电线路；另一类扩径导线应用于变电站[2]。

（1）输电线路用扩径导线。在输电线路上，扩径导线必须采用张力放线，并且要求扩径导线在张力放线过程中经过张力机和若干个滑车后无跳股、松股现象，所以对扩径导线结构稳定性要求更高。此类扩径导线扩径比不宜过大且必须有钢芯，其拉重比应与钢芯铝绞线相当。

目前，国内已完成 LGJK-272、JLXK/G2A-300（400）/50、LGJK-310/50、LGJK-400/45、JLK/G1A-530(630)/45 及 JLK/G1A-725(900)/40 型扩径导线研制，并在不同线路工程中作为输电线路用导线进行了大量应用，相关内容将在本章第四节中进行详述。

（2）变电站用扩径导线。变电站用扩径导线的主要功用是将电流从变压器引到输电线路上，距离通常只有几十米，不用考虑弧垂、张力等问题。由于变电站母线的分裂数通常小于线路导线分裂数，在两者的电磁环境限值相近的前提下，要求变电站母线的外径远大于线路用导线，所以此类扩径导线的特点是无钢芯，但扩径比较大。

目前国内已完成 JLHN58K-1600 型扩径导线研制，并在官厅—兰州东750kV 输电线路工程中将其作为变电站用导线进行了应用，相关内容将在本章第四节中进行详述。

二、扩径导线适用性分析

由于扩径导线与相同截面的常规导线相比，具有电晕损耗减小、电晕所派生的无线电干扰和可听噪声减小等特点，扩径导线的主要适用范围为超高压和特高压输电线路，且特别适用于位于高海拔或人口密集地区的线段。

（一）特高压线路

特高压输电工程以建设"环境友好型"工程为目标，力求全面优化工程的设计方案，严格保证电场、磁场、可听噪声与无线电干扰水平满足标准要求。

为节约线路走廊用地，措施之一是输电线路采用 V 形绝缘子串，这样可以减少拆迁、降低工程造价，经济利益显著，但 V 串的采用使相导线的空间排列更加紧凑，电磁环境因此变差。因此，若设计采用普通导线，势必要采取加大导线截面和增加导线的分裂根数的补救措施，这样将增大导线的使用量、铁塔的构件规格和重量等，从而加大工程投资。如果在满足输电容量和线路工程要求的前提下，设计一种保证输电导体载流能力的新型结构导线，将其直径扩大且尽可能使其表面光洁圆滑，使导线的外径与表面都能满足输电线路的电晕要求，这样就会大大节约导体材料，从而显著降低线路投资。

因为交流工程所用导线在交流电场下存在集肤效应的现象，所以扩径导线特别适用于交流特高压工程。

（二）高海拔地区

在我国的西部，往往输电容量不大，但海拔较高，如我国第 1 条 750kV 输电线路经过地区海拔基本在 2000m 以上。在其他条件一致的情况下，海拔越高导线的起晕电压越低。在电压、分裂数、子导线间距、海拔等都相同的情况下，导线外径越大起晕电压越高，电晕噪声越小。

在高海拔地区的线路设计中，分裂导线的电晕特性往往成为导线选型的控制条件，往往某一导线载流截面能满足输送容量的要求，但对应的导线外径不满足电磁环境限值。此时若使用更大截面的导线或增加导线分裂数，对于导线载流方面则是过剩了，因此提出在导线截面不变的情况下扩径的要求。

（三）人口密集的地区

电晕噪声是指伴随着导线周围的电晕或火花放电所产生的一种噪声，此噪声属于声频干扰。电晕噪声频率范围一般为 60～4000Hz，峰值频率是工频的 2 倍左右。输电线路可听噪声属于低频范围，具有较强的穿透力，衰减较慢，能传播到较远的地方，一般可达 1km。我国以往出现过输电线路建成后局部区域因噪声扰民而引起的投诉，而实地现场测量噪声并未超标的现象，因此有必要在人口密集的地区将可听噪声限值降低。例如某线路的可听噪声限值为 55dB（A），但由于沿线的人口较密集，若将线路的电晕噪声设计为不超过 53dB（A），则对环境更为友好。

当输送容量、电压、分裂数、子导线间距等都不变的情况下，略微增大导线外径即可降低电晕噪声，那么在导线截面不变的情况下使用扩径导线就是一种在人口密集区降噪的简便且有效的措施。

综上所述，在今后相当一段时期内，随着我国社会经济的发展，将继续建设交流特高压工程、西电东送工程，线路经过人口密集的地区不可避免，因此扩径导线将有广泛的应用前景，深入开展扩径导线的研究具有重大意义。

第三节　扩径导线在国外研究应用情况

苏联曾研制和应用了以玻璃纤维增强塑料线材作为扩径中间支撑件的扩径导

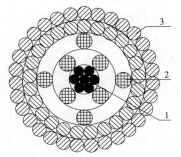

图 1-7　圆线疏绞型
扩径导线

1—钢芯；2—玻璃纤维增强
塑料线材；3—铝线

线，其外径为 46.4mm，接近 JL1/G3A-1250/70-76/7（外径 47.35mm），导电面积为 738mm²，具体参数见表 1-2。如图 1-7 所示，由于其采用铝股内层和邻内层疏绞作为扩径方式，且扩径比较大，所以结构稳定性很差，不能大规模用于输电线路。

日本设计和试制了数量较多的扩径导线，其结构形式也比较多，图 1-8、图 1-9 展示了其中的几种。由于没有应用需求，扩径导线在日本没有得到广泛应用。日本的特高压线路最初设计使用 8×610mm² 扩径导线，这样既可以满足电气要求，又可以满足载流量要求。但是在施工中，扩径导线放线时出现了问题，后来全部改为 8×810mm² 导线。

图 1-8　日本研制的有钢芯扩径导线

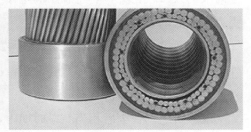

图 1-9　日本研制的无钢芯扩径导线

在美国、巴西、印度等国家，均建设了 750kV 输电线路，在高原地区的线路不少区段采用了扩径导线。

第四节 扩径导线在国内研究应用情况

我国对扩径导线的研究起步较早，在 20 世纪 70 年代，我国已经完成了 LGJK-272 型扩径导线的研制，并在刘家峡—关中 330kV 输电线路中对其进行应用。80～90 年代，我国在扩径导线的研究方面并未取得明显突破。进入 21 世纪以后，随着我国电网建设的不断加强，对于扩径导线的研究和应用也出现增长的趋势。我国先后完成了 LGJK-300/50、JLHN58K-1600、JLK/G2A-630（720）/45、JLK/G1A-725（900）/40、JLK/G2A-530（630）/45 及 JLXK/G2A-780（1000）/80 型扩径导线的研究工作，并对其中一部分扩径导线进行了工程应用[3]。

一、LGJK-272 型扩径导线的研究应用

我国在 20 世纪 70 年代初期研制了用于刘家峡—关中 330kV 输电线路的 LGJK-272 型扩径导线，如图 1-10 所示，铝股内层为疏绞形式，外径为 27.2mm，导电面积为 300mm²。刘家峡—关中输电线路全线长 534km，最高海拔 2500m。其中海拔 2000m 以上地区线路长约 73km，全部采用了 LGJK-272 型扩径导线。采用 LGJK-272 扩径导线的线路共 163 挡，平均挡距 443m，800m 以上挡

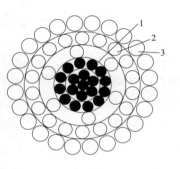

图 1-10 扩径导线 LGJK-272
1—钢芯；2—疏绞层铝线；
3—外层铝线

距 7 挡，最大挡距 998m。考虑到导线、地线的配合问题，LGJK-272 扩径导线的设计安全系数为 2.67，每平方毫米最大设计应力 113.7N，最大平均应力控制在 25% 导线拉断力以下。刘家峡—关中输电线路于 1971 年底完成架线，1972 年 6 月 16 日正式投入运行。导线采用的是人工拖牵，该线路目前仍在运行中，运行状态良好。由此可见 LGJK-272 扩径导线的长期运行安全性是没有问题的。

2010 年前，在线路工程中应用的几种扩径导线的主要技术参数对比见表 1-2。

表 1-2　　　　　　　　在工程中应用的扩径导线主要技术参数对比

型号		苏联扩径导线	LGJK-272	LGJK-300/50	LGJK-310/50	LGJK-400/45
导线结构（股数/直径）	外层铝	31/4.1	24/3.04	24/3.07	24/3.07	22/3.60
	邻外层铝	25/4.1	18/2.59	10/3.07	10/3.07	8/3.60
	内层铝	4+4/5.25	6/2.59	7/3.07	8/3.07	10/3.60
	钢芯	7/3.0	19/2.20	7/3.07	7/3.07	7/2.80
铝截面（mm²）		738	300.8	303.4	310.9	407.2
外径（mm）		46.4	27.2	27.63	27.63	30
计算拉断力（kN）		302.5	129.1	109.25	114.7	116.3
单位长度重量（kg/km）		2925	1409	1243.9	1264.3	1467
20℃时直流电阻（Ω/km）		—	—	0.09533	0.0933	0.0712

二、LGJK-300/50 型及 JLHN58K-1600 型扩径导线的研究应用

21 世纪初由上海电缆研究所组织相关科研人员针对官厅—兰州东 750kV 输电线路用疏绞型扩径导线及变电站用铝管支撑型扩径导线进行研究。课题组经过努力，成功研制出 LGJK-300/50 疏绞型扩径导线及 JLHN58K-1600 铝管支撑型扩径导线。LGJK-300/50 疏绞型扩径导线如图 1-11 所示。内层和邻内层铝股为疏绞形式，其外径为 27.63mm，导电面积为 303.4mm²，具体参数见表 1-2。JLHN58K-1600 型铝管支撑型扩径导线横截面如图 1-12 所示，其外径为 70mm，支撑铝管面积为 317.3mm²，耐热铝合金面积为 1265.6mm²，具体参数见表 1-3。

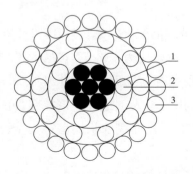

图 1-11　扩径导线 LGJK-300/50 横截面

1—钢芯；2—疏绞层铝线；3—外层铝线

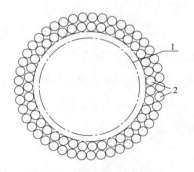

图 1-12　扩径导线 JLHN58K-1600

1—轧绞铝管；2—耐热铝合金线

表 1-3		JLHN58K-1600 型扩径导线技术参数特性表		
项目		单位	产品参数	
产品型号规格			JLHN58K-1600	
外观及表面质量		—	绞线表面无肉眼可见的缺陷，如明显的压痕、划痕等，无与良好产品不相称的任何缺陷	
结构	外层 股数/直径	根/mm	45/4.38	
	邻外层 股数/直径	根/mm	39/4.38	
	内层 —	—	轧纹铝管外径 52.5±0.01mm，壁厚 2.0mm	
计算截面积	合计	mm²	1582.9	
	耐热铝合金	mm²	1265.6	
	铝管	mm²	317.3	
外径		mm	$70^{+0.01}_{0}$	
单位长度质量		kg/m	4.475	
20℃时直流电阻		Ω/km	≤0.01943	
额定抗拉力		kN	≥215	
弹性模量		GPa	50	
线膨胀系数		1/℃	2.3×10^{-5}	
节径比	外层	—	10～12	
	邻外层	—	12～14	
绞向	外层	—	相邻层绞向相反，最外层绞向为右向	
	其他层	—		

官厅—兰州东 750kV 输电线路工程起于青海 750kV 官厅变电站，终于甘肃 750kV 兰州东变电站，全线处于高寒、高海拔地区（海拔超过 2000m），全长 143.5km，单回路架设。LGJK-300/50 疏绞型扩径导线在该线路上使用了 42km，在放线过程中扩径导线在 V 标段和 IV 标段出现跳股现象。经分析认为上述跳股现象与地形因素有关，在塔位高差大的地方跳股现象严重，地形平缓地方跳股较轻。JLHN58K-1600 铝管支撑型扩径导线在各变电站处使用约 10t。该输电线路工程于 2005 年 9 月正式投运，投运以来运行安全。

乌北—玛纳斯输电线路工程通过总结原有 LGJK-300/50 扩径导线的设计、制造及工程应用经验，从扩径导线的结构设计、截面节约率选择、支撑层形式等多方面，对扩径导线进行了重新设计。在导线截面积选择上，根据工程设计的输送容量需求，将 300mm² 铝截面扩大到 310mm²，该导线结构上采用以 LGJ-400/50 结构钢芯铝绞线为设计基础，仍采用疏绞方式，减少铝截面，并保证外径不降低。最终该工程采用 LGJK-310/50 型扩径导线，该导线结构采用各层抽股方式。在内层抽去 4 股、中层抽去 6 股，铝线形成（8＋10＋24）结构。此结构加强了中间支撑层，减小了中间层铝股间的间隙，减弱了中间层铝股的滑动现象，为外层提供了良好的支撑，不易出现中层铝股因位移而形成较大的空档，而使外层铝股受压后在空档处出现塌陷的情况，有利于导线结构稳定。

截至 2013 年年底，统计 750kV 输电线路使用扩径导线的数量，折合单回路长度达到约 1312km，见表 1-4。

表 1-4　　　　　西北地区部分 750kV 输电线路扩径导线使用情况

工程名称	扩径导线型号	架设方式	使用情况（km）	长度（km）
官厅—兰州东 750kV 输电线路	LGJK-300/50	单回路	42	42
750kV 吐鲁番—哈密输电线路	LGJK-310/50	两个单回路	2×92	184
750kV 乾县变电站—渭南变输电线路	LGJK-400/45	同塔双回	2×139	278
750kV 玛纳斯—乌鲁木齐北送电线路	LGJK-310/50	单回路	136	136
750kV 西宁—日月山—乌兰输电线路	LGJK-400/45	两个单回路	2×224	448
750kV 吐鲁番—巴音郭楞输电线路	LGJK-310/50	单回路	26	26
750kV 白银—黄河Ⅱ回输电线路	LGJK-310/50	单回路	56	56
750kV 兰州东—平凉—乾县送电线路	LGJK-400/45	同塔双回	2×36	72
新疆与西北主网联网第二通道输电工程	JLK/G2A-630(720)/45	单回路	35	35
	JLKX/G2A-630(720)/45	单回路	35	35
合计				1312

三、高密度聚乙烯支撑型扩径导线的研究应用

2007 年 1 月～2009 年 7 月，由中国电力科学研究院、上海电缆研究所、甘肃送变电工程公司和华东电力设计院共同承担"1000kV 特高压交流同塔双回扩径导线及跳线研究"课题。课题组经过努力，解决了材料、工艺技术、生产装备、生产能力等一系列关键技术，完成了预期的工作目标。成功研制出三种扩径导线，即圆线疏绞型 JLK/G2A-630（720）/45，高密度聚乙烯支撑型扩径导线

JLXK/G2A-720(900)/50 和 JLXK/G2A-630(900)/50，还完成了配套金具和跳线的研制，完成了导线卡线器的研制，并在甘肃永登—白银一标段 750kV 线路工程上进行了上述三种扩径导线现场展放试验。试验表明，这三种扩径导线能够适用张力放线的要求，性能良好。三种导线主要技术参数见表 1-5，示意图见图 1-13。

2012 年，西北电力设计院经论证后认为 4×JLK/G2A-630(720)/45 与 6×JL/G1A-400/50 电磁环境相当，经济性略优，在西北新疆联网第二通道 750kV 工程哈密南—沙洲段应用了 2×35km。高密度聚乙烯支撑型扩径导线未找到合适的应用场合，未在工程中应用。

表 1-5　　　　　　　　　　三种扩径导线主要技术参数

型号	JLK/G2A-630(720)/45	JLXK/G2A-630(900)/50	JLXK/G2A-720(900)/50
导线结构	21/4.53＋9/4.71＋ 8/4.71＋7/2.80	30/Z/3.2＋24/S/3.2＋ 聚乙烯/27.2＋7/3.02	24/Z/3.9＋18/S/3.9＋ 聚乙烯/24.4＋7/3.02
外径（mm）	36.30	40.0	40.0
单位长度重量 （kg/km）	2090	2366	2570
额定抗拉力 （kN）	159.9	155	168
弹性模量 （×10^3MPa）	63.6	56.5	57.5
热膨胀系数 （×10^{-6}/℃）	20.8	20.5	20.8

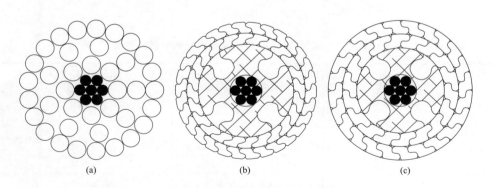

(a)　　　　　　　　　　(b)　　　　　　　　　　(c)

图 1-13　三种扩径导线结构示意图

（a）JLK/G2A-630(720)/45；（b）JLXK/G2A-630(900)/50；（c）JLXK/G2A-720(900)/50

四、JLK/G1A-725(900)/40 型扩径导线的研究应用

2012 年 3～12 月，由中国电力科学研究院组织相关科研人员成立"特高压交流同塔双回输电线路扩径跳线研制与应用研究"项目组。皖电东送工程同塔双回路的跳线因电磁环境要求较高，为降低特高压同塔双回路耐张塔电晕噪声及导线表面电场强度，经计算，耐张塔跳线需采用相当 $900mm^2$ 截面外径的导线才能使电磁环境指标与直线塔相同，且变电站进出线段由于导线的排列方式变化，导线间线间距变小，故同样需要使用扩径导线，以降低耐张塔噪声和工程本体投资。因此，项目组对导线设计、生产工艺、检测能力、配套金具等方面的关键技术进行研究，设计并优化了疏绞型 JLK/G1A-725(900)/40 扩径导线的结构与参数，如图 1-14 所示。内层为疏绞形式，其外径为 39.9mm，导电面积为 $725.21mm^2$，具体参数见表 1-6。

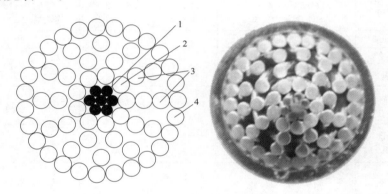

图 1-14　JLK/G1A-725(900)/40 型扩径跳线

1—钢芯；2—内层铝线；3—疏绞层铝线；4—外层铝线

表 1-6　　　　JLK/G1A-725(900)/40 型扩径导线技术参数特性表

产品名称				疏绞型扩径导线
结构	铝	外层	根/mm	27/3.99
		邻外层	根/mm	12/3.99
		邻内层	根/mm	10/3.99
		内层	根/mm	9/3.99
	钢芯		根/mm	7/2.66
计算截面积		合计	mm²	764.11
		钢	mm²	38.90
		铝	mm²	725.21

产品名称		疏绕型扩径导线
外径	mm	39.9
单位长度重量	kg/km	2309.7
20℃时直流电阻	Ω/km	0.03988
额定抗拉力	kN	160.38
弹性模量	GPa	61.87
线膨胀系数	1/℃	21.2

该导线在皖电东送工程中进行了应用，且应用效果良好。在淮南—上海、浙北—福州及后续特高压交流工程中将 JLK/G1A-725(900)/40 疏绞型扩径导线作为跳线进行了使用。皖电东送线路全长 2×656km，淮南—上海工程线路全长 2×780km，浙北—福州工程线路全长 2×603km，经统计在上述工程变电站进线档及耐张塔跳线共采用疏绞型扩径导线 8×JLK/G1A-725(900)/40 约 800km，总重约 1850t。经试用表明，JLK/G1A-725(900)/40 扩径导线满足工程电晕及噪声要求，性能良好。

五、JLXK/G2A-780(1000)/80 型扩径导线的研究

2010～2012 年，中国电力科学研究院组织相关人员对大截面扩径导线进行研究[4]。课题组通过理论分析、仿真计算及试验验证等方法对大截面扩径导线的扩径方式、结构形式及结构参数进行研究，首创了一种大截面型线疏绞型扩径导线的新型结构，即铝股外层采用圆线密排，支撑层采用型线疏绞，完成了 JLXK/G2A-780（1000）/80 疏绞型扩径导线设计。该导线外径为 42.88mm，导电截面约为 780mm²，如图 1-15 所示，具体参数如表 1-7 所示。

通过与 8×1000mm² 常规导线进行技术经济性对比分析，课题组发现 JLXK/G2A-780(1000)/80 疏绞型扩径导线可节约投资，年费用在电价低、利用小时数低的工程上较常规等外径导线有优势。

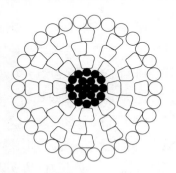

图 1-15　JLXK/G2A-780 (1000)/80 型扩径导线

表 1-7　　JLXK/G2A-780(1000)/80 型扩径导线技术参数特性表

项目		单位	产品参数
外观及表面质量			绞线表面无肉眼可见的缺陷，如明显的压痕、划痕等，无与良好产品不相称的任何缺陷
结构	铝外层（股数/直径）	根/mm	30/3.9
	铝邻外层（股数/直径）	根/mm	12/4.42
	铝邻内层（股数/直径）	根/mm	9/4.36
	铝内层（股数/直径）	根/mm	8/4.34
	钢芯层（股数/直径）	根/mm	19/2.34
外径		mm	42.88
节径比	铝外层	—	10.6
	铝邻外层	—	12.7
	铝邻内层	—	13.8
	铝内层	—	14.9
	12 根钢芯层	—	16.3
	6 根钢芯层	—	21.9
绞向	外层	—	右向
	其他层	—	相邻层绞向相反

课题组通过有限元仿真分析和试制样品过滑车试验的方法，对上述大截面疏绞型扩径导线的截面稳定性进行评估，仿真和试验结果均表明其临界跳股张力为 25%RTS（额定拉断力），故其可应用于实际工程中。JLXK/G2A-780(1000)/80 疏绞型扩径导线截面稳定性好，适用于电磁环境要求高、利用小时数低的工程。

六、JLK/G1A-530(630)/45 型扩径导线的研究应用

2013～2014 年间，由中国电力科学研究院相关人员在充分调研国内外扩径导线研究水平的基础上，基于浙北—福州 1000kV 特高压线路工程，开展了扩径导线设计与加工技术、扩径导线截面稳定性验证试验、扩径导线配套金具及卡线器的研制工作。课题组针对浙北—福州 1000kV 特高压线路工程使用要求，确定扩径比为 1.19，通过比较五类扩径方式的优缺点，选择了三类扩径方式，设计了 3 类 4 种截面形式的疏绞型扩径导线。根据扩径导线技术要求，开展了扩径导线生产工艺研究，提出扩径导线制造工艺标准，并对生产过程进行质量控制，完成导线试制。通过数值仿真研究、过滑轮试验研究与型式试验研究，证实了 4 种扩径导线满足设计要求，并能满足工程展放的需要。

由中国电力科学研究院研制的用于浙北—福州 1000kV 输电线路的 JLK/G1A-530(630)/45 型扩径导线，如图 1-16 所示。内层为疏绞形式，其外径为 33.75mm，导电面积为 529.78mm²，具体参数见表 1-8。浙北—福州 1000kV 输电线路全长为

2×603km，回路方式为双回路，海拔为500m，主要地形为平丘、山地及高山。其中，2×83.5km线路采用JLK/G1A-530(630)/45型扩径导线，应用扩径导线重量约300t。浙北—福州工程于2014年9月完成架线，2014年12月顺利投产，经试用表明，JLK/G1A-530(630)/45型扩径导线能够适用张力放线的要求，性能良好。

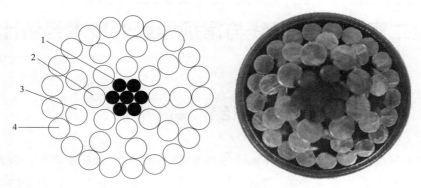

图 1-16   JLK/G1A-530(630)/45型扩径导线

1—钢芯；2—内层铝线；3—中层铝线；4—外层铝线

表 1-8   JLK/G1A-530(630)/45型扩径导线技术参数特性表

项目		单位	产品参数
外观及表面质量			绞线表面无肉眼可见的缺陷，如明显的压痕、划痕等，无与良好产品不相称的任何缺陷
结构	铝外层（股数/直径）	根/mm	21/4.20
	铝中层（股数/直径）	根/mm	9/4.22
	铝内层（股数/直径）	根/mm	8/4.24
	钢线（股数/直径）	根/mm	7/2.81
计算截面积	合计	mm²	573.19
	铝	mm²	529.78
	钢	mm²	43.41
外径		mm	33.75
单位长度质量		kg/km	1803.10
20℃时直流电阻		Ω/km	≤0.0545
额定拉断力		kN	≥134.25
弹性模量		GPa	65.22
线膨胀系数		1/℃	20.46×10^{-6}
节径比	钢芯6根层	—	16～26
	铝线层	—	10～16
	对于有多层的绞线	—	任何层的节径比应不大于紧邻内层的节径比
绞向	外层	—	右向
	其他层	—	相邻层绞向相反

第二章　扩径导线与常规导线的技术经济比较

第一节　扩径导线应用范围

扩径导线的设计应用应满足国家的基本建设方针和技术经济政策，做到安全可靠、技术先进、经济合理、资源节约、环境友好、符合国情，以合理的投资获得最佳的综合效益。

扩径导线的设计应用应充分结合电网的实际特点，从工程实际出发，对扩径导线的输送容量、电磁环境、机械性能、使用地理条件及经济性等方案进行充分论证，根据计算比较结果推荐出性能最佳的导线型式。一般而言，在按输电线路的输送容量选择导线截面，但导线外径偏小，不能满足电磁环境限值要求的情况下，原则上可采用扩径导线，以取得更好的经济效益。

对于重要线路及特殊区段线路应在重点考虑运行安全可靠的基础上，论证是否采用扩径导线。扩径导线不宜用于以下场合：

(1) 中、重冰区线路不宜采用扩径导线。

(2) 大挡距、大高差区段线路不宜采用扩径导线。

(3) 大跨越工程不宜采用扩径导线。

第二节　导线选型原则

一、750kV 及以下交流线路导线选型原则

(一) 经济电流密度

经济电流密度与国民经济的发展水平密切相关，目前我国尚未制定出新的、

合适的数值，原水电部 1965 年颁布的经济电流密度值如表 2-1 所示。

表 2-1 　　　　　　　　　　经 济 电 流 密 度 取 值

最大利用小时数（h）	铝线经济电流密度（A/mm²）
3000 以下	1.65
3000～5000	1.15
5000 以上	0.9

虽然经济电流密度已经不能用于决定最优导线截面，但是实际的电流密度应该在其附近，因此仍然可以作为导线截面初步选取的参考。

（二）导线最高允许温度

根据 GB 50545—2010《110kV～750kV 架空输电线路设计规范》第 5.0.6 条第 1 款的规定，交流输电线路当采用钢芯铝绞线和钢芯铝合金绞线时，允许温度为 70℃，必要时可采用 80℃。

（三）无线电干扰限值

根据 GB 50545—2010 第 5.0.4 款的要求，330kV 交流输电线路距线路边相导线投影外 20m、离地 2m 高处，频率为 0.5MHz 时的无线电干扰限值为 53dB。

（四）可听噪声

根据 GB 50545—2010 第 5.0.5 款的要求，交流输电线路距线路边相导线投影外 20m 处，湿导线条件下的可听噪声限值为 55dB。

二、1000kV 交流线路导线选型原则

（一）经济电流密度

在特高压输电系统导线进行选型时首先根据近期和远期电源装机、负荷的规划及预测情况，确定断面的电力流规模，明确线路在系统中的作用和地位；然后依据远期电力流的规模，通过经济电流密度选择导线型号，导线型号选择尽量保证本电网的系列化和整体性。特高压线路在投产初期一般达不到输送规模，随着电源增长、负荷需求等因素的变化，远期特逐步达到输送规模。

在世界上已建成特高压线路国家中，苏联取的电流密度为 1A/mm²，日本取的电流密度为 0.5A/mm²，两者相差一倍。根据原水电部 1965 年颁布的经

济电流密度值，当线路最大负荷利用小时大于 5000h 时，经济电流密度取 $0.9A/mm^2$。

虽然经济电流密度不能完全决定最优导线截面积，但其实际的经济电流密度应该在其附近，因此作为导线截面的初步选取的参考仍然可以。综上所述，特高压导线选型取 $0.9A/mm^2$ 电流密度作为初选的参考值。

（二）导线最高允许温度

导线最高允许温度是控制导线载流量的主要依据，导线允许最高温度主要由导线经过长期运行后的强度损失和连接金具的发热而定。GB 50665—2011《1000kV 架空输电线路设计规范》规定，在验算导线允许载流量时，钢芯铝绞线的允许温度可采用＋70℃，必要时可采用＋80℃，与国内超高压工程一致。

（三）导线表面场强

导线表面电场强度 E_m 不宜大于全面电晕电场强度 E_0 的 80％～85％。

（四）电磁强度

邻近民房时，房屋所在位置的未畸变电场限值为 4kV/m；对于居民区，场强限定在 7kV/m 内；对于非居民区，场强限定在 10kV/m 内。

1000kV 架空输电线路在电磁环境敏感目标处，地面 1.5m 高处工频磁感应强度的限值为 0.1mT。

（五）无线电干扰限值

根据 GB 50665—2011 规定："海拔 500m 及以下地区，距离线路边相导线地面水平投影外侧 20m、对地 2m 高度处，且频率为 0.5MHz 时，在好天气下，无线电干扰设计控制值不应大于 58dB（$\mu V/m$）。"

无线电干扰的海拔修正以 500m 为起点，每 300m 增加 1dB。

（六）可听噪声

按照 GB 50665—2011 规定："海拔 500m 及以下地区，距离线路边相导线地面水平投影外侧 20m 处，湿导线的可听噪声设计控制值不应大于 55dB（A）。"

可听噪声的海拔修正，以 500m 为起点，每 300m 增加 1dB（A）。根据《特高压交流线路串长及串型优化项目》专题研究成果，按现行 BPA 公式得到的特高压交流线路可听噪声计算值比实测值偏大，可按降低 2dB（A）进行修正。

第三节　扩径导线选型经济适用性

依据 GB 50545—2010《110kV～750kV 架空输电线路设计规范》第 5.0.2 条和表 5.0.2，输电线路的导线截面和分裂形式应满足电晕、无线电干扰和可听噪声等要求。当选用 GB/T 1179—2017《圆线同心绞架空导线》中的钢芯铝绞线时，海拔不超过 1000m 时可不验算电晕的导线最小外径应符合表 2-2 的规定。

表 2-2　　　　　　　　　可不验算电晕的导线最小外径

标称电压（kV）	导线外径（mm）
110	9.60
220	21.60
330	33.60
	2×21.60
	3×17.10
500	2×36.24
	3×26.82
	4×21.60
750	4×36.90
	5×30.20
	6×25.50

一、330kV 交流线路扩径导线选型经济适用性

330kV 交流线路单回路采用 JLK/G2A-310/50 扩径导线的边界条件共 8 种；采用 JLK/G2A-400/45 扩径导线的边界条件共 2 种；采用 JLK/G2A-530/45 扩径导线的边界条件共 6 种。双回路采用 JLK/G2A-310/50 扩径导线的边界条件共 3 种；采用 JLK/G2A-400/45 扩径导线的边界条件共 7 种；采用 JLK/G2A-530/45 扩径导线的边界条件共 3 种；采用 JLK/G2A-630/45 扩径导线的边界条件共 9 种。具体见表 2-3。

表 2-3 **330kV 交流线路扩径导线选型边界条件**

回路数	导线型号	海拔（m）	输送容量（MW）	年最大利用小时数（h）	电价（元/kWh）	回收率（%）	可否采用扩径导线
单回路	2×JLK/G2A-310/50-42/7-27.6	0~4000	≤200	≤5000	≤0.50	≥10	
			≤200	≤5000	≤0.40	≥8	
			≤200	≤4000	≤0.50	≥8	
			200~300	≤3000	≤0.30	≥8	
			200~300	≤3000	≤0.40	≥10	
			200~300	≤4000	≤0.30	≥12	
			200~300	≤3000	≤0.50	≥12	
			300~400	≤3000	≤0.30	≥12	
	2×JLK/G2A-400/45-40/7-30.0	4000~4500	≤200	≤5000	≤0.50	≥8	
			200~300	≤3000	≤0.40		
	2×JLK/G2A-530/45-38/7-33.7	0~5000	≤200	≤3000	≤0.50	≥8	
			≤200	≤4000	≤0.30	≥8	
			≤200	≤4000	≤0.40	≥12	
			≤200	≤5000	≤0.30	≥12	
			200~300	≤3000	≤0.30		
			200~300	≤3000	≤0.40	≥12	可以
同塔双回	2×JLK/G2A-310/50-42/7-27.6	0~2300	≤400	≤3000	≤0.50	≥8	
			≤400	≤4000	≤0.30	≥8	
			≤400	≤4000	≤0.40	≥10	
	2×JLK/G2A-400/45-40/7-30.0	2300~3200	≤400	≤3000	≤0.50	≥8	
			≤400	≤4000	≤0.40	≥8	
			≤400	≤4000	≤0.50	≥10	
			400~600	≤3000	≤0.30	≥8	
			400~600	≤3000	≤040	≥10	
			400~600	≤3000	≤0.50	≥12	
			400~600	≤4000	≤0.30	≥12	
	2×JLK/G2A-530/45-38/7-33.7	0~4000	≤800	≤3000	≤0.30	≥12	
			≤800	≤3000	≤0.40	≥12	
			≤800	≤4000	≤0.30	≥12	
	2×JLK/G2A-630/45-38/7-36.3	4000m 以上	≤800	≤3000	≤0.40	≥8	
			≤800	≤3000	≤0.50	≥10	

回路数	导线型号	海拔（m）	输送容量（MW）	年最大利用小时数（h）	电价（元/kWh）	回收率（%）	可否采用扩径导线
同塔双路	2×JLK/G2A-630/45-38/7-36.3	4000m以上	≤800	≤4000	≤0.30	≥8	可以
			≤800	≤4000	≤0.40	≥10	
			≤800	≤5000	≤0.30	≥12	
			800～1000	≤3000	≤0.30	≥8	
			800～1000	≤3000	≤0.40	≥10	
			800～1000	≤4000	≤0.30	≥12	
			1000～1200	≤3000	≤0.30	≥12	

二、750kV 交流线路扩径导线选型经济适用性

750kV 交流线路单回路采用 JLK/G2A-310/50 扩径导线的边界条件共 11 种；采用 JLK/G2A-400/45 扩径导线的边界条件共 8 种。双回路采用 JLK/G2A-310/50 扩径导线的边界条件 1 种；采用 JLK/G2A-400/45 扩径导线的边界条件共 6 种；采用 JLK/G2A-530/45 扩径导线的边界条件共 17 种。具体见表 2-4。

表 2-4　　　　　750kV 交流线路扩径导线选型边界条件

回路数	导线型号	海拔（m）	输送容量（MW）	年最大利用小时数（h）	电价（元/kWh）	回收率（%）	可否采用扩径导线
单回路	6×JLK/G2A-310/50-42/7-27.6	0～1000	≤1600	≤3000	≤0.30	≥8	可以
			≤1600	≤3000	≤0.40	≥12	
	6×JLK/G2A-310/50-42/7-27.6	1000～2000	≤1600	≤3000	≤0.30	≥8	
			≤1600	≤3000	≤0.40	≥10	
			≤1600	≤3000	≤0.50	≥12	
			≤1600	≤4000	≤0.30	≥12	
			1600～2000	≤3000	≤0.30	≥12	
	6×JLK/G2A-310/50-42/7-27.6	2000～3000	≤1600	≤3000	≤0.30	≥8	
			≤1600	≤3000	≤0.40	≥12	
			≤1600	≤4000	≤0.30	≥12	
			1600～2000	≤3000	≤0.30	≥12	
	6×JLK/G2A-400/45-40/7-30.0	3000～4000	≤1600	≤3000	≤0.50	≥8	
			≤1600	≤4000	≤0.30	≥8	
			≤1600	≤4000	≤0.40	≥12	
			≤1600	≤5000	≤0.30	≥12	
			1600～2000	≤3000	≤0.30	≥8	
			1600～2000	≤3000	≤0.40	≥10	
			1600～2000	≤4000	≤0.30	≥12	
			2000～2400	≤3000	≤0.30	≥12	

回路数	导线型号	海拔（m）	输送容量（MW）	年最大利用小时数（h）	电价（元/kWh）	回收率（%）	可否采用扩径导线
同塔双回	6×JLK/G2A-310/50-42/7-27.6	0～2000	≤3200	≤3000	≤0.30	≥10	可以
	6×JLK/G2A-400/45-40/7-30.0	2000～3000	≤3200	≤3000	≤0.40	≥8	
			≤3200	≤3000	≤0.50	≥10	
			≤3200	≤4000	≤0.30	≥10	
			≤3200	≤4000	≤0.40	≥12	
			3200～4000	≤3000	≤0.30	≥10	
			3200～4000	≤3000	≤0.40	≥12	
	6×JLK/G2A-530/45-38/7-33.7	3000～4000	≤3200	≤4000	≤0.50	≥8	
			≤3200	≤5000	≤0.40	≥8	
			≤3200	≤5000	≤0.50	≥10	
			3200～4000	≤3000	≤0.50	≥8	
			3200～4000	≤4000	≤0.40	≥8	
			3200～4000	≤4000	≤0.50	≥10	
			3200～4000	≤5000	≤0.30	≥10	
			3200～4000	≤5000	≤0.40	≥12	
			4000～4800	≤3000	≤0.40	≥8	
	6×JLK/G2A-530/45-38/7-33.7	3000～4000	4000～4800	≤3000	≤0.50	≥10	
			4000～4800	≤4000	≤0.30	≥8	
	6×JLK/G2A-530/45-38/7-33.7	3000～4000	4000～4800	≤4000	≤0.40	≥12	
			4800～5600	≤3000	≤0.30	≥8	
			4800～5600	≤3000	≤0.40	≥10	
			4800～5600	≤3000	≤0.50	≥12	
			4800～5600	≤4000	≤0.30	≥12	
			5600～6400	≤3000	≤0.30	≥10	

三、1000kV 交流线路扩径导线选型经济适用性

1000kV 交流线路单回路采用 JLK/G2A-530/45 扩径导线的边界条件共 10 种。双回路采用 JLK/G2A-530/45 扩径导线的边界条件共 7 种；采用 JLK/G1A-725（900）/40 扩径导线（跳线）的边界条件 1 种。具体见表 2-5。

表 2-5　　　　　　　　　10000kV 交流线路扩径导线选型边界条件

回路数	导线型号	海拔（m）	输送容量（MW）	年最大利用小时数（h）	电价（元/kWh）	回收率（%）	可否采用扩径导线
单回路	8×JLK/G2A-400/45-40/7-30.0	0～1500	≤6000	≤5500	≤0.50	≥8	否
单回路	8×JLK/G2A-530/45-38/7-33.7	1500～2000	≤4000	≤4500	≤0.50	≥12	可以
			≤4500	≤4500	≤0.30	≥8	
			≤4500	≤4500	≤0.40	≥10	
			≤4500	≤5000	≤0.30	≥8	
			≤4500	≤5000	≤0.40	≥12	
			≤4500	≤5500	≤0.30	≥10	
			4500～5000	≤4500	≤0.30	≥10	
			4500～5000	≤4500	≤0.40	≥12	
			4500～5000	≤5000	≤0.30	≥12	
			5000～5500	≤4500	≤0.30	≥12	
同塔双回	8×JLK/G2A-530/45-38/7-33.7	0～1300	≤8000	≤4500	≤0.30	≥8	
			≤8000	≤4500	≤0.40	≥10	
			≤8000	≤5000	≤0.30	≥10	
同塔双回	8×JLK/G2A-530/45-38/7-33.7	0～1300	≤8000	≤5500	≤0.30	≥12	
			8000～9000	≤4500	≤0.30	≥10	
			8000～9000	≤5000	≤0.30	≥12	
			9000～10000	≤4500	≤0.30	≥12	
同塔双回	JLK/G1A-725(900)/40-58/7-39.9	—	—	—	—	—	—

注　8×JL/G1A-630/45-38/7-36.3 钢芯铝绞线或 8×JLK/G2A-530/45-38/7-33.7 钢芯扩径铝绞线可适用于同塔双回路海拔在 1300m 以下地区，如用于海拔在 1300m 以上地区需加大同塔双回路塔头尺寸，以满足电磁环境要求。

第四节　扩径导线应用节约投资案例

一、项目背景

　　浙北—福州特高压交流输变电工程是华东坚强受端电网主网架的重要组成部分，是浙江、福建承接区外交直流特高压来电的受电平台，对浙西、宁东特高压直流接入后的电网安全稳定运行具有重要的支撑作用，也是福建与浙江、浙江钱塘江南北电力交换的主干联络通道；对提高浙江电网供电安全性、福建电网运行安全性和可靠性具有重要意义，尤其是"十二五"期间对填补浙江电网的电力缺口、送出福建电网盈余电力至关重要。

浙北—福州特高压交流输变电工程包括新建浙中、浙南、福州3座1000kV变电站，扩建浙北1座1000kV变电站，新建浙北—浙中—浙南—福州双回1000kV线路，线路长约2×597.9km。

二、基本边界条件

（一）电力系统设定条件

（1）系统额定电压：1000kV。

（2）系统最高运行电压：1100kV。

（3）功率因数：0.95。

（4）回路数：双回，同塔架设。

（5）系统单回最大输送功率：正常时4000～6000MW，事故检修时8000～12000MW。

（6）最大负荷利用小时数：最大负荷利用小时数取4500、5000、5500h，分别对应的年损耗小时数为2700、3200、3750h。

（二）工程环境条件

根据沿线气象资料和已建线路的运行经验，以100年一遇、距地面10m高为基准全线划分为27、30、32m/s三个风区。冰区分别为10、15、20（中）、20（重）、30mm冰区。

本工程各线路段气象条件及自然环境条件如表2-6所示。

表 2-6 　　　　　　　　线路沿线气象条件及自然环境条件

线路区段	设计风速（m/s）	设计覆冰厚度（mm）	海拔（m）	路径长度（km）	
				单回路	双回路
浙北—浙中段	27 30	10 15 20	100～700	2×119.9	2×80.1
浙中—浙南段	27	10 15 20	100～750	2×41.6	2×80.4
浙南—福建段	27 30 32	10 15 20 30	100～1400	2×442.5	0

（三）电磁环境限值

根据 GB 50665—2011《1000kV 架空输电线路设计规范》及 Q/GDW 305—2009《1000kV 架空交流输电线路电磁环境限制》的规定，1000kV 交流输电线路的电磁环境指标控制值为：

（1）工频电场，邻近民房时，房屋所在位置的未畸变电场限值为 4kV/m；对于居民区，场强限定在 7kV/m 内；对于非居民区，场强限定在 10kV/m 内。

（2）1000kV 架空输电线路在电磁环境敏感目标处，地面 1.5m 高处工频磁感应强度的限值为 0.1mT。

（3）海拔 500m 及以下地区，1000kV 架空输电线路的无线电干扰限值，在距离边相导线地面投影外 20m、对地 2m 高度处，频率为 0.5MHz 时无线电干扰值不大于 58dB（μV/m），以满足在好天气下无线电干扰值不大于 55dB（μV/m）。

（4）海拔 500m 及以下地区，距线路边相导线投影外 20m 处，湿导线的可听噪声限值为 55dB（A）。

三、导线截面及分裂方式

导线截面对工程投资的影响巨大，根据系统提供的线路输送功率为 4000～6000MW，由此算得的每相电流为 2431～3646A，经济电流密度的参考值取 0.9A/mm²，算得的导线总截面为 2701～4052mm²；若按系统最大输送功率 8000～12000MW 考虑，则每相电流为 4862～7292A，按照前述的电流密度的参考值 0.9A/mm²，算得的导线总截面为 5402～8104mm²。以此铝截面为基准，选择 JL/G3A-900/40、JL/G1A-800/55、JL/G1A-710/50、JL/G1A-630/45、JL/G1A-500/45、JL/G1A-400/35 等 6 种钢芯铝绞线和 LGJK/G1A-530（630）/45 疏绞型扩径导线进行比选，比选导线参数见表 2-7。

根据国内外特高压线路的导线实际采用情况，在特高压线路中为解决电晕问题，一般都需要增加分裂导线根数和导线截面积，目前已经建成的特高压线路均采用 8 分裂方式。按照极限输送功率对导线最小截面积的要求，相导线以 8 分裂导线为基础，分别选择了 6、7、8、9 和 10 根子导线共五种分裂方式。

导线分裂间距的选取要考虑分裂导线的次挡距振荡和电气两个方面的特性，从电气方面看，有一个最佳分裂间距，在此分裂间距时，导线的表面最大值电场强度最小，现将导线分裂间距的计算结果列于表 2-8。

表 2-7　　　　　　　　　　　比 选 导 线 参 数 表

导线型号		JL/G3A-900/40	JL/G1A-800/55	JL/G1A-710/50	JL/G1A-630/45	JL/G1A-500/45	JL/G1A-400/35	LGJK/G1A-530(630)/45
根×直径(mm)	钢	7×2.66	7×3.20	7×2.99	7×2.81	7×2.80	7×2.50	7×2.81
	铝	72×3.99	45×4.80	45×4.48	45×4.22	48×3.60	48×3.22	8×4.24+9×4.22+21×4.2
截面积(mm²)	钢/铝	38.90/900.26	56.30/814.30	49.2/709	43.4/629	43.1/488.58	34.36/390.88	43.41/529.78
	总	939.16	870.60	758	673	531.68	425.24	573.19
铝钢截面比		23.14	14.46	14.43	14.50	11.34	11.38	12.20
直径(mm)		39.90	38.40	35.90	33.80	30.00	26.80	33.75
单位质量(kg/km)		2793.8	2687.5	2344.2	2078.4	1687.0	1348.6	1803.1
计算拉断力(N)		188890	192220	169560	150450	127310	103670	134250
20℃直流电阻(Ω/km)		0.0321	0.0355	0.0407	0.0459	0.0591	0.0739	0.0545
弹性模量(N/mm²)		60600	63700	63700	63700	65900	65900	65220
温度系数(1/℃)		$21.5×10^{-6}$	$20.8×10^{-6}$	$20.8×10^{-6}$	$20.8×10^{-6}$	$20.3×10^{-6}$	$20.3×10^{-6}$	$20.46×10^{-6}$

表 2-8　　　　　　　　　　　导 线 分 裂 间 距 值

分裂根数	分裂间距（mm）
6	400
7	400
8	400
9	380
10	375

四、电气性能分析

导线比选时涉及内容广泛，这里主要从载流量、导线表面最大电场强度、导线表面起晕场强、无线电干扰及可听噪声等方面进行比较，参比导线的线路电气特性参数见表 2-9。

由表 2-9 中结果可以看出：

（1）7 种导线结构中导线表面最大场强不超过起晕场强的 85%，因而导线表面场强对导线的选择不起决定作用。

（2）6、7 分裂导线不能满足电磁环境限值的要求，故不予采用。

表 2-9　　　　　　　　　　参比导线的线路电气特性参数（海拔 500m）

序号	导线型号	分裂数	分裂间距（mm）	70℃时载流量（A）	导线表面最大电场强度（kV/cm）	导线表面起晕场强（有效值）kV/cm	E_m/E_0	无线电干扰 dB(A)	可听噪声 dB(A)
1	JL/G1A-900/40	6	400	6405	16.70	19.89	0.84	59.38	58.45
2	JL/G1A-800/55	7	400	7063	15.73	19.96	0.79	55.84	55.71
3	JL/G1A-710/50	8	400	7450	15.28	20.07	0.76	52.77	53.32
4	JL/G1A-630/45	8	400	6989	15.99	20.19	0.79	53.45	54.31
5	JL/G1A-500/45	8	400	5981	17.17	20.42	0.84	55.35	56.62
6	JL/G1A-500/45	9	380	6863	16.17	20.42	0.79	52.22	53.73
7	JL/G1A-400/35	10	375	6525	16.51	20.66	0.80	50.95	53.25

注　1. 载流量计算时环境气温 35℃，风速 0.5m/s，日照功率密度 1kW/m²。
　　2. 无线电干扰采用国际无线电干扰特别委员会（CISPR）推荐的激发函数法计算，可听噪声采用美国 BPA 电力公司推荐的预测公式计算。
　　3. E_m 为最大电场强度，E_0 为临界起晕场强。

（3）考虑到 9、10 分裂导线分裂数太多，金具制造、安装、施工、运行等方面均不便。故本工程优先推荐采用 8 分裂导线。

（4）由于采用 8×JL/G1A-500/45 导线时，不能满足电磁环境限值要求，因此不予采用。

五、机械性能分析

根据上述电气性能分析结果，对可行的 8 分裂导线的机械性能主要从计算截面积、钢铝截面比、导线拉断力、设计安全系数、最大使用应力、平均运行应力、最大弧垂及过载能力等方面进一步比选，比选结果见表 2-10。

从上述各种导线的机械特性看出：

（1）8 分裂比选导线弧垂特性接近，LGJK/G1A-530(630)/45 导线弧垂特性略差。

（2）随着子导线截面积的加大，其覆冰过载能力也相应增大，8 分裂比选导线均能满足线路设计覆冰要求。

（3）总体来说，8 分裂比选导线均能满足工程对导线机械性能的要求。

表 2-10 参比导线机械特性参数

导线型号		LGJK/G1A-530(630)/45	JL/G1A-710/50	JL/G1A-630/45
分裂数		8	8	8
计算截面积（mm²）		573.19	759	674
铝钢截面比（m）		12.2	14.46	14.45
导线拉断力（kN）		134.25	169.56	150.45
设计安全系数		2.50	2.50	2.50
最大使用应力（MPa）		89.00	84.89	84.83
平均运行应力（MPa）		55.63	53.06	53.01
最大弧垂 （10mm 冰区，m）	$L_p=400$	12.56	12.53	12.53
	$L_p=500$	19.24	19.03	19.03
	$L_p=600$	27.37	26.92	26.92
过载能力 （10mm 冰区，mm）	$L_p=400$	21.70	24.41	23.02
	$L_p=500$	20.68	23.09	21.78
	$L_p=600$	20.10	22.32	21.06

六、经济性分析

（一）导线方案本体静态投资分析

综合考虑导线、铁塔、基础、绝缘子、金具等因素，计算得到各种导线方案的静态本体投资差异见表 2-11。

表 2-11 导线方案本体静态投资比较表

导线结构		8×JL/G1A-630/45	8×JL/G1A-710/50	8×LGJK/G1A-530(630)/45
导线	投资（万元/km）	167.67	188.96	145.40
	投资差（万元/km）	0	21.29	−22.26
杆塔	投资（万元/km）	481.91	501.36	474.36
	投资差（万元/km）	0	19.45	−7.55
基础	投资（万元/km）	167.35	179.09	162.33
	投资差（万元/km）	0	11.74	−5.02
绝缘子串	投资（万元/km）	66.22	66.22	64.43
	投资差（万元/km）	0	0	−1.79

导线结构	8×JL/G1A-630/45	8×JL/G1A-710/50	8×LGJK/G1A-530(630)/45
本体投资（万元/km）	883.15	935.65	846.52
本体投资差（万元/km）	基准	52.50	−36.63

由表 2-11 数据可知：

（1）采用 8×JL/G1A-630/45 钢芯铝绞线的本体投资较采用 8×JL/G1A-710/50 可节省约 52.50 万元/km。

（2）与 8×JL/G1A-630/45 相比，采用 8×LGJK/G1A-530(630)/45 本体投资可降低约 36.63 万元/km。

（3）从本体静态投资方面分析，采用 8×LGJK/G1A-530(630)/45 疏绞型扩径导线节约投资效果最好。

（二）导线方案年费用最小法分析

采用年费用最小法来进行各种导线方案的经济性比较。年费用最小法的计算条件为：系统输送容量 3500MW 及 4000MW，工程建设期限为 2 年，第一年和第二年的投资率分别为 60% 和 40%，使用寿命 30 年，运行维护费率 1.4%，投资回收率 8%，年最大负荷损耗小时数分别为 2700、3200h 和 3750h，电价按 0.3、0.4、0.5 元/kWh 计。计算结果见表 2-12。

表 2-12　　　　　　　　各种导线年费用

负荷小时 （h）	输送功率 （MW）	导线型号	不同电价年费用（万元/km）		
			0.3 元/kWh	0.4 元/kWh	0.5 元/kWh
2700	2×3500	8×JL/G1A-630/45	118.7	124.5	130.3
		8×JL/G1A-710/50	123.2	128.3	133.6
		8×LGJK/G1A-530(630)/45	117.0	123.6	130.3
	2×4000	8×JL/G1A-630/45	122.9	130.2	137.5
		8×JL/G1A-710/50	127.2	134.0	140.6
		8×LGJK/G1A-530(630)/45	122.0	130.4	138.8
3200	2×3500	8×JL/G1A-630/45	121.9	128.8	135.7
		8×JL/G1A-710/50	127.9	132.4	138.8
		8×LGJK/G1A-530(630)/45	120.7	128.6	136.5
	2×4000	8×JL/G1A-630/45	127.0	135.6	144.2
		8×JL/G1A-710/50	131.2	139.1	147.1
		8×LGJK/G1A-530(630)/45	126.7	136.6	146.5

负荷小时 (h)	输送功率 (MW)	导线型号	不同电价年费用（万元/km）		
			0.3 元/kWh	0.4 元/kWh	0.5 元/kWh
3750	2×3500	8×JL/G1A-630/45	125.5	133.6	141.7
		8×JL/G1A-710/50	131.0	136.7	144.3
		8×LGJK/G1A-530(630)/45	124.8	134.0	143.3
	2×4000	8×JL/G1A-630/45	131.4	141.5	151.6
		8×JL/G1A-710/50	135.3	144.6	154.0
		8×LGJK/G1A-530(630)/45	131.8	143.4	155.0

从表 2-12 可以看出：

（1）在输送功率、年损耗小时数和电价较低的情况下，8×LGJK/G1A-530(630)/45 导线方案年费用较低；当输送功率小于 2×3500MW，推荐采用 8×LGJK/G1A-530(630)/45 导线方案。

（2）在输送功率、年损耗小时数和电价较高的情况下，8×JL/G1A-630/45 导线方案年费用较低；当输送功率大于 2×4000MW，推荐采用 8×JL/G1A-630/45 导线方案。

（3）考虑到与 8×JL/G1A-630/45 导线方案相比，采用 8×LGJK/G1A-530(630)/45 导线方案本体投资可节约 36.63 万元/km，故在线路较短时，采用 8×LGJK/G1A-530(630)/45 导线方案节约投资效果更好。

七、应用效果与结论

结合浙北—福州输电线路工程实际，对八分裂导线应用与 1000kV 线路进行了分析计算和对比研究表明：

（1）扩径导线具有较好的降低导线电磁环境污染的能力，适用于高海拔、电磁环境要求较高的地区使用。目前已在 750kV 工程中使用，导线截面以 400mm^2 以下为主。圆线疏绕型扩径导线结构简单、工艺成熟，且有一定的运行经验积累。目前国内主流导线厂家均能生产，产能约为普通导线的 85%，基本满足特高压工程批量应用的要求。

（2）与 8×JL/G1A—630/45 导线相比，8×LGJK/G1A-530(630)/45 扩径导线的电气特性相近，能够满足各种电磁环境要求和极限输送功率；导线弧垂特性略差、荷载略小、抗冰能力略差、本体投资较低、单位投资较前者少约 37 万元/km，较前者降低约 4%。在线路输送功率、年损耗小时数和电价都较低时，年费用低于前者。

（3）根据本工程输送功率现状和发展趋势，结合扩径导线的加工难度、施工特点，本工程一般双回线路建议采用 8×JL/G1A-630/45 常规导线。考虑发展扩径导线和积累扩径导线施工、运行经验的需要，建议在系统输送功率小、交通方便、施工运行条件较好的平原地区局部试用 8×LGJK/G1A-530（630）/45 扩径导线。

第五节　扩径导线应用改善电磁环境案例

一、项目背景

皖电东送淮南—上海 1000kV 特高压交流线路工程是我国首条同塔双回路特高压交流输电工程，西起安徽淮南变电站，经皖南、浙北到达上海沪西变电站，线路总长度为 2×656km，共有 1421 座铁塔。该工程于 2007 年正式开工建设2013 年 9 月 25 日投入正式运行。

根据系统规划，工程输电通道采用 1000kV 技术方案，同塔双回线路，输电能力达到 6500～12000MW，并在送出皖电的基础上承接西南水电送电华东的电力。特高压工程以建设"环境友好型"工程为目标，全面优化工程的设计方案，严格保证电场、磁场、可听噪声与无线电干扰水平满足标准要求。

由于工程建设必须满足系统电力输送容量和电磁场环境双重要求，特高压工程的导线选型若不能突破现有导线的制造水平和产品范畴，工程只能被动地采用加大导线截面或增加导线分裂根数的技术措施，这样势必增大线材的使用量和铁塔的耗钢量，从而会显著增加工程投资。如何在满足输电容量和环境要求的双重前提下，找到一种结构全新、技术层次更高、有利于降低工程投资的导线以满足特高压输电要求，是我国特高压发展面临的重大课题之一。

皖电东送工程同塔双回路的跳线因电磁环境要求较高，经计算，耐张塔跳线需采用 39.9mm 直径的 8 分裂导线才能满足表面场强的控制要求。因对导线最小外径要求远高于输送容量所要求的导电截面积，所以采用扩径跳线。对 725mm² 截面积导线扩径至 900mm² 的导线方案进行截面稳定性分析，结果表明跳线应采用 JLK/G1A-725（900）/40 扩径跳线，因其截面稳定性的表征指标——跳股张力可以达到 15%RTS，能够满足扩径跳线采用非张力放线的施工要求。

二、基本边界条件

（一）电力系统设定条件

（1）系统额定电压：1000kV。

（2）系统最高运行电压：1100kV。

（3）功率因数：0.95。

（4）回路数：双回，同塔架设。

（5）系统单回最大输送功率：正常时6500MW，事故检修时9000MW。

（6）最大负荷利用小时数：5000～5500h。

（二）工程环境条件

根据 GB 50665—2011《1000kV 架空输电线路设计规范》及 Q/GDW 305—2009《1000kV 架空交流输电线路电磁环境限制》的规定，该工程环保限制条件与第四节中环保限制条件相同。

三、计算结果

针对特高压交流试验基地双回线路耐张塔以及户外试验场进行的扩径跳线及配套金具电晕试验进行电场分布计算，得到以下结论：

（1）试验线段试验布置下，铝管式扩径跳线表面最高场强为2266V/mm，间隔棒表面最高场强为2552V/mm。笼式扩径跳线表面最高场强为2246V/mm，间隔棒表面最高场强为2430V/mm。根据场强等效原理，铝管式硬跳线试验电压高于768kV，笼式硬跳线试验电压高于782kV，可以满足工程耐压要求。

（2）户外试验场布置下，铝管式硬扩径跳线表面最高场强为2410V/mm，间隔棒表面最高场强为2619V/mm。笼式硬扩径跳线表面最高场强为2251V/mm，间隔棒表面最高场强为2453V/mm。根据场强等效原理，铝管式硬跳线试验电压高于726kV，笼式硬跳线试验电压高于775kV，可以满足工程耐压要求。

四、可见电晕试验

为了摸索出合理的特高压同塔双回硬跳线的电晕特性，对试制的特高压同塔双回硬扩径跳线进行了电晕试验。

（一）试验研究条件

（1）平面模拟布置电晕试验。在中国电力科学研究院武汉分院户外试验场，根据厂家提供的图纸和户外场现有条件进行试品布置和组装,开展了跳线的电晕试验研究和检测。图 2-1、图 2-2 分别为外绝缘高压户外场前期进行铝管式和笼式硬跳线试验的布置模拟图。

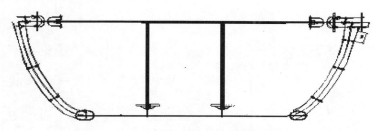

图 2-1　输电线路铝管式跳线布置模拟图

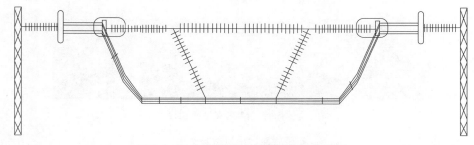

图 2-2　输电线路笼式硬跳线布置模拟图

　　(2)特高压交流试验基地同塔双回挂线带电考核。利用国家电网公司特高压交流试验基地内的特高压交流同塔双回试验线段(见图 2-3)进行带电考核,测试其可见电晕。

图 2-3　特高压交流试验基地试验线段

（二）平面模拟布置电晕试验

（1）铝管式硬跳线平面模拟电晕试验。根据厂家提供的金具图纸进行铝管硬跳线组装，试验布置照片如图 2-4 所示。电晕试验结果见表 2-13，紫外图像如2-5 所示。

图 2-4　铝管式跳线现场模拟试验

表 2-13　　　　　　　　　　　铝管式跳线电晕试验结果

观察点		$U_{起晕}$(kV)	$U_{熄灭}$(kV)	起晕部位
引流间隔棒	1 号	857	746	间隔棒下端
	2 号	887	850	间隔棒下端
铝管间隔棒	2、6 号	957	885	吊点螺丝处
	3～5 号	837	781	两边接口处
引流 1、引流 2 之间引流线		822	790	下方引流线

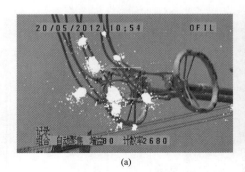

(a)　　　　　　　　　　　　　(b)

图 2-5　电晕位置照片（一）

（a）引流间隔棒；（b）引流间隔棒

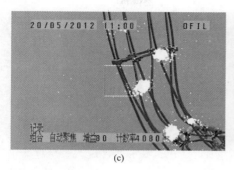
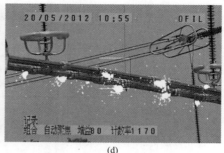

(c)   (d)

图 2-5　电晕位置照片（二）

（c）引流 1，引流 2 之间引流线；（d）铝管间隔棒

　　试验结果表明，铝管式硬跳线及配套金具的电晕熄灭电压高于设计要求值，能够保证在工程中的正常使用。

　　（2）笼式硬跳线平面模拟电晕试验。根据厂家提供的金具图纸进行的笼式硬跳线组装，试验布置如图 2-6 所示，试验结果如表 2-14 所示，电晕紫外图像如图 2-7 所示。

图 2-6　笼式跳线现场模拟试验照片

表 2-14　　　　　　　　　　　　笼式结构电晕试验结果

观察点		$U_{起晕}$（kV）	$U_{熄灭}$（kV）	起晕部位
引流间隔棒	1 号	826	765	间隔棒下端
	2 号	918	871	间隔棒下端
笼式间隔棒	1 号	763	744	间隔棒下端
	2～5 号	918	862	间隔棒下端
笼式 1，引流 1 之间引流线		878	835	下端引流线
笼式水平导线		918	871	下端水平导线

电晕试验结果表明，除1号笼式间隔棒的电晕熄灭电压低于设计要求值外，其余硬跳线部位和金具的电晕电压均高于要求值。经分析，此次试验的笼式间隔棒的线夹尺寸为直径95mm、倒角28mm，其表面场强本身就较高，建议改为直径140mm、倒角25mm的线夹以降低表面场强，提高电晕电压。

图 2-7　电晕紫外图像

（a）引流间隔棒；（b）笼式1号间隔棒；（c）笼式2～5号间隔棒；（d）笼式1、引流1之间引流线

（三）硬跳线电晕考核试验

为了能获得更加接近于实际工况的试验效果，在特高压交流试验基地对选择的典型跳线进行安装，图2-8为试验段硬跳线单相安装的效果图，图2-9为安装完毕的硬跳线整体效果图。试验结果如表2-15所示。图2-10为试验线段跳线电晕。

图 2-8　硬跳线试验效果图

（a）铝管式跳线；（b）笼式跳线

图 2-9　试验线段硬跳线试验示意图

表 2-15　　　　　　　　　试验线段跳线电晕结果

试验电压（kV）	观察点	起晕部位
$U_{ab}=1152.53$ $U_{bc}=1153.41$ $U_{ca}=1134.06$	铝管式跳线	下相管母第 5 个间隔棒底端螺栓处
	笼式跳线	中相两侧引流线

 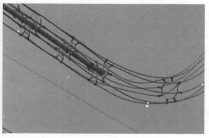

图 2-10　试验线段跳线电晕

工程的最高运行电压为1100kV，试验观察发现这两类硬跳线在1100kV未出现电晕发生点，从表2-15可见电晕发生在1134kV，可见这两类硬跳线可以满足工程的要求，但是裕度不大，在安装时要注意不要产生毛刺、棱角等缺陷。

第三章　扩径导线的设计与制造技术

第一节　扩径导线性能要求

一、导线性能要求

扩径导线应绞制紧密、均匀，表面无蛇形。绞合后所有单线应自然地处于各自位置，当切断时，各线端应保持在原位或容易用手复位。

扩径导线表面不应有目力可见的缺陷，如明显的划痕、压痕等，并不得有与良好的商品不相称的任何缺陷，外观表面应光洁，不得有腐蚀发黑、发灰现象。导线外层及加强芯不允许有任何种类的接头。

成品导线应是均匀的圆柱面，并能承受运输及安装中的正常装卸而不致产生使电晕损失和无线电干扰增加的变形。导线应无过量的拉丝模用润滑油、金属颗粒及粉末，且应无任何与工业产品质量要求不相符的缺陷。

导线的节径比应在 GB/T 1179—2017《圆线同心绞架空导线》规定的限值之内，且最外层的节径比不应大于 12。所提供的扩径导线应为一次绞合而成的产品。对于有多层的绞线，任何层的节径比应不大于紧邻内层的节径比。

绞合时，扩径导线邻外层与邻内层应采用分度盘以保证层内铝股分布均匀。绞合前，导线的钢芯和待绞合的线股应在工厂内贮藏足够长的时间，以确保钢芯和待绞合的单线处于同样的温度，在整个绞合过程中应保持同样的温度。一旦绞合和仓储过程已经开始，为了使所有导线尽可能有相同的绞合规律，对相同目的地的导线应遵循相应的工艺。

导线应适合张力架线，正常放线时，任何导线出现有灯笼、散股、跳股、断股及影响放线施工情况都将视为不合格产品，并被拒绝接收。

二、性能检验要求

根据实践经验，型式试验项目包括绞线结构参数检查、镀锌钢线全性能试验、铝单线全性能试验、拉断力试验、应力—应变试验、弹性模量试验、线膨胀系数试验、20℃绞线直流电阻试验、载流量试验、振动疲劳试验、蠕变试验、紧密度试验、平整度试验、滑轮通过试验、电晕及无线电干扰试验。

（1）绞线结构参数检查、拉断力、应力—应变曲线、弹性模量的试验方法按照 GB/T 1179—2017《圆线同心绞架空导线》进行。

（2）镀锌钢线全性能试验的试验方法按照 GB/T 3428—2012《架空绞线用镀锌钢线》进行；铝单线全性能试验的试验方法按照 GB/T 17048—2017《架空绞线用硬铝线》进行。

（3）载流量的计算按照 GB 50545—2010《110kV～750kV 架空输电线路设计规范》或 IEC 61597—1995《架空导线绞股导线计算方法 3 型技术报告》的推荐公式进行。

（4）紧密度测试中，导线在承受 30％额定拉断力时与不受张力时，其周长的允许减少值不超过 2％。平整度测试中，使用一刀口平尺，导线在承受 50％额定最大张力时，用刀口平尺的直边平行地靠在导线上，再以塞尺测量导线与刀口平尺之间的距离，刀口平尺长度至少应为导线外层节距的 2 倍，导线表面与刀口平尺间的空隙不应超过 0.5mm。

（5）蠕变试验应参照 GB/T 22077—2008 规定的试验方法进行，蠕变曲线应表明导线在承受恒定的拉力时的蠕变伸长情况，试验张力为 15％RTS、25％RTS、40％RTS，试验时间为 1000h，温度为 20±2℃。

（6）疲劳试验是为了考核导线耐微风振动疲劳性能，采用振动角法试验。其挡距长度应不小于 35m，张力为 25％RTS，在线夹出口处的振动角应为 25°～30°；导线应能承受三千万次以上的往复振动，如导线任一股在振动不到三千万次时已断裂，则导线为不合格。每一千万次振动后应检查导线是否已产生疲劳破坏。

（7）滑轮通过试验的包络角定为 30°，滑轮底径 1000mm，在 25％RTS 张力下往复运动 20 次，测试导线过滑轮后的损伤情况。

第二节 疏绞型扩径导线

疏绞型扩径导线是与常规圆线同心绞架空导线相比，内层少绞合若干根单线而构成稳定结构的导线。一般由钢线、铝线组成。

一、产品中各材料执行标准

GB/T 1179—2017　　　　圆线同心绞架空导线

GB/T 17048—2017　　　架空绞线用硬铝线

GB/T 3428—2012　　　　架空绞线用镀锌钢线

Q/GDW 11269—2014　　　疏绞型扩径钢芯铝绞线

二、导线原材料

扩径导线根据其结构形式不同，导线的原材料也有所不同。本书主要针对疏绞型钢芯铝绞线的原材料进行研究，为达到扩径导线的各项性能要求，对其原材料的技术参数提出明确要求。

（一）铝锭

铝锭技术要求参考 GB/T 1196—2017《重熔用铝锭》，铝锭表面应整洁，无较严重的飞边或气孔，允许有轻微的夹渣。铝锭化学成分应符合表 3-1 和表 3-2 规定。

表 3-1　　　　　　　　　　　Al 99.70 铝锭的化学成分

牌号	化学成分（%）									
	Al[a]（不小于）	杂质（不大于）								
		Si	Fe	Cu	Ga	Mg	Zn	Mn	其他单个	杂质总和
Al 99.70[b]	99.70	0.10	0.20	0.01	0.03	0.02	0.03	—	0.03	0.30

注　1. 对于表中未规定的其他杂质元素含量，如需方有特殊要求时，可由供需双方另行协商。

　　2. 分析数值的判定采用修约比较，修约规则按 GB/T 8170 的规定进行，修约数位与表中所列极限值数位一致。

a　铝含量为 100% 与表中所列有数值要求的杂质元素含量实测值及大于或等于 0.010% 的其他杂质总和的差值，求和前数值修约至与表中所列极限数位一致，求和后将数值修约至 0.0X% 再与 100% 求差。

b　Cd、Hg、Pb、As 元素，供方可不作常规分析，但应监控其含量，要求 $\omega(Cd+Hg+Pb)\leqslant$ 0.0095%；$\omega(As)\leqslant0.009\%$。

表 3-2

表 3-2   **Al 99.70E 铝锭的化学成分**

牌号	Al[a] （不小于）	化学成分（％）								
		杂质（不大于）								
		Si	Fe	Cu	Ga	Mg	Zn	Mn	其他单个	杂质总和
Al 99.70[b,c]	99.70	0.07	0.20	0.01	—	0.02	0.04	0.005	0.03	0.30

注 1. 对于表中未规定的其他杂质元素含量，如需方有特殊要求时，可由供需双方另行协商。
   2. 分析数值的判定采用修约比较，修约规则按 GB/T 8170 的规定进行，修约数位与表中所列极限值数位一致。
   a 铝含量为 100％ 与表中所列有数值要求的杂质元素含量实测值及大于或等于 0.010％ 的其他杂质总和的差值，求和前数值修约至与表中所列极限位一致，求和后将数值修约至 0.0X％ 再与 100％ 求差。
   b Cd、Hg、Pb、As 元素，供方可不作常规分析，但应监控其含量，要求 $\omega(Cd+Hg+Pb) \leqslant 0.0095\%$；$\omega(As) \leqslant 0.009\%$。
   c $\omega(B) \leqslant 0.04\%$；$\omega(Cr) \leqslant 0.004\%$；$\omega(Mn+Ti+Cr+V) \leqslant 0.020\%$。

（二）芯线

芯线可分为镀锌钢线、锌—5％和铝—混合稀土合金镀层钢绞线和铝包钢绞线。镀锌钢线的技术要求参考 GB/T 3428—2012《架空绞线用镀锌钢线》；锌—5％和铝—混合稀土合金镀层钢绞线的技术要求参考 GB/T 20492—2006《锌—5％铝—混合稀土合金镀层钢丝、钢绞线》；铝包钢线的技术要求参考 GB/T 17937—2009《电工用铝包钢线》。

三、导线单线性能要求

（一）硬铝线

扩径导线铝单线的性能要求，参考 GB/T 17048—2017《架空绞线用硬铝线》，但是扩径导线铝单线的强度要求高于国标要求，如表 3-3 所示。

表 3-3   **扩径导线硬铝线的机械性能**

标称直径 d(mm)	抗拉强度（最小值）(MPa)
$d=1.25$	210
$1.25<d\leqslant1.50$	205
$1.50<d\leqslant1.75$	200
$1.75<d\leqslant2.00$	195
$2.00<d\leqslant2.25$	190
$2.25<d\leqslant2.50$	185
$2.50<d\leqslant3.00$	180
$3.00<d\leqslant3.50$	175
$3.50<d\leqslant5.00$	170

硬铝单线的卷绕性能，以不超过 60r/min 的速度，在直径与硬铝线直径相同的芯轴上卷绕 8 圈，然后退绕 6 圈，再重新紧密卷绕，硬铝线应不断裂。

硬铝线的电阻率要求为，20℃时的电阻率应不大于 28.264nΩ·m。

为了保证扩径结构的稳定性，扩径导线的单线性能与普通钢芯铝绞线的单线性能要求的不同之处是：扩径导线铝单线的抗拉强度要比普通钢芯铝绞线的铝单线强度高 10MPa。

（二）芯线

扩径导线常用芯线为 G1A、G2A、G3A 镀锌钢线和 LB14、LB20 铝包钢线，A 级镀锌层技术参数见表 3-4～表 3-6。A 级镀锌钢丝锌层质量应符合表 3-7 的规定。镀锌钢丝的卷绕性能满足：以不超过 15r/min 的速度在芯轴上紧密卷绕 8 圈，镀锌钢线不断裂。

表 3-4 　　　　　　　　　　G1A 镀锌钢线 A 级镀锌层技术参数

标称直径 d（mm）	直径公差（mm）	1%伸长时的应力最小值（MPa）	抗拉强度最小值（MPa）	伸长率最小值（%）	卷绕试验芯轴直径（mm）	扭转试验扭转次数最小值
1.24＜d≤2.25	±0.03	1170	1340	3.0	1D	18
2.25＜d≤2.75	±0.04	1140	1310	3.0	1D	16
2.75＜d≤3.00	±0.05	1140	1310	3.5	1D	16
3.00＜d≤3.50	±0.05	1100	1290	3.5	1D	14
3.50＜d≤4.25	±0.06	1100	1290	4.0	1D	12
4.25＜d≤4.75	±0.06	1100	1290	4.0	1D	12
4.75＜d≤5.50	±0.07	1100	1290	4.0	1D	12

注　1. 最大伸长率的最小值是对 250mm 标距而言，如采用其他标距，则这些数值应使用 650/(标距＋400) 这个系数进行校正。
　　2. 扭转试验试样长度为外径的 100 倍。

表 3-5 　　　　　　　　　　G2A 镀锌钢线 A 级镀锌层技术参数

标称直径 d（mm）	直径公差（mm）	1%伸长时的应力最小值（MPa）	抗拉强度最小值（MPa）	伸长率最小值（%）	卷绕试验芯轴直径（mm）	扭转试验扭转次数最小值
1.24＜d≤2.25	±0.03	1310	1450	2.5	3D	16
2.25＜d≤2.75	±0.04	1280	1410	2.5	3D	16
2.75＜d≤3.00	±0.05	1280	1410	3.0	4D	16
3.00＜d≤3.50	±0.05	1240	1410	3.0	4D	14
3.50＜d≤4.25	±0.06	1170	1380	3.0	4D	12
4.25＜d≤4.75	±0.06	1170	1380	3.0	4D	12
4.75＜d≤5.50	±0.07	1170	1380	3.0	4D	12

注　1. 最大伸长率的最小值是对 250mm 标距而言，如采用其他标距，则这些数值应使用 650/(标距＋400) 这个系数进行校正。
　　2. 扭转试验试样长度：外径的 100 倍。

表 3-6 　　　　　　　　　　**G3A 镀锌钢线 A 级镀锌层技术参数**

标称直径 d(mm)	直径公差 (mm)	1％伸长时的应力最小值 (MPa)	抗拉强度最小值 (MPa)	伸长率最小值 (％)	卷绕试验芯轴直径 (mm)	扭转试验扭转次数最小值
1.24＜d≤2.25	±0.03	1450	1620	2.0	4D	14
2.25＜d≤2.75	±0.04	1410	1590	2.0	4D	14
2.75＜d≤3.00	±0.05	1410	1590	2.5	4D	12
3.00＜d≤3.50	±0.05	1380	1550	2.5	4D	12
3.50＜d≤4.25	±0.06	1340	1520	2.5	4D	10
4.25＜d≤4.75	±0.06	1340	1520	2.5	4D	10
4.75＜d≤5.50	±0.07	1270	1500	2.5	4D	10

注　1. 最大伸长率的最小值是对 250mm 标距而言，如采用其他标距，则这些数值应使用 650/(标距＋400) 这个系数进行校正。
　　2. 扭转试验试样长度为外径的 100 倍。

表 3-7 　　　　　　　　　　**A 级镀锌钢丝锌层质量**

标称直径 d(mm)		镀锌层质量最小值（g/m²）
＞1.24	≤1.50	185
＞1.50	≤1.75	200
＞1.75	≤2.25	215
＞2.25	≤3.00	230
＞3.00	≤3.50	245
＞3.50	≤4.25	260
＞4.25	≤4.75	275
＞4.75	≤5.50	290

镀锌层附着性能检验方法为：以不超过 15r/min 的速度在圆形芯轴上紧密卷绕至少 8 圈，镀锌钢线直径为 3.50mm 及以下时，芯轴直径为镀锌钢线直径的 4 倍；镀锌钢线直径为 3.50mm 以上时，芯轴直径为镀锌钢线直径的 5 倍。镀锌层应牢固地附着在钢线上不应开裂，或用手指摩擦锌层不会产生脱落起皮。

镀锌层均匀性性能检验方法为：用肉眼观察镀锌层应没有空隙，镀锌层应光洁、厚度均匀，并与良好的生产工艺相一致[5]。

铝包钢线的铝层厚度要求见表 3-8，机械及电气性能见表 3-9。铝包钢线的伸长率应符合断裂后伸长率不小于 1％或断裂时总的伸长率不小于 1.5％的要求。铝包钢线扭转性能检验方法为：在 100 倍的标称直径的长度上，铝包钢线应能经受不少于 20 次的扭转而不断裂；试样扭转断裂后，用肉眼或正常的矫正视力观察，铝层不应从钢芯上脱离。

表 3-8   铝 层 厚 度

级别	截面标准铝层比率（%）	平均铝层厚度	最小铝层厚度
LB20	25	铝包钢线标称半径的 13.4%	铝包钢线标称半径的 8%（$d<$1.80mm）
			铝包钢线标称半径的 10%（$d\geqslant$1.80mm）
LB14	13	铝包钢线标称半径的 6.7%	铝包钢线标称半径的 5%

表 3-9   铝 包 钢 线 性 能

等级	型式	标称直径（mm）	抗拉强度最小值（MPa）	1%伸长时的应力最小值（MPa）	20℃时标称密度（g/cm³）	20℃时电阻率最大值（nΩ·m）
LB20	A	$1.24<d\leqslant3.25$	1340	1200	6.59	84.80（对应于 20.3% IACS 电导率）
		$3.25<d\leqslant3.45$	1310	1180		
		$3.45<d\leqslant3.65$	1270	1140		
		$3.65<d\leqslant3.95$	1250	1100		
		$3.95<d\leqslant4.10$	1210	1100		
		$4.10<d\leqslant4.40$	1180	1070		
		$4.40<d\leqslant4.60$	1140	1030		
		$4.60<d\leqslant4.75$	1100	1000		
LB20	A	$4.75<d\leqslant5.50$	1070	1000		
	B	$1.24<d\leqslant5.50$	1320	1100	6.53	
LB14	—	$1.24<d\leqslant3.00$	1590	1410	7.14	123.15（对应 14% IACS 电导率）
		$3.00<d\leqslant3.50$	1550	1380		
		$3.50<d\leqslant4.10$	1520	1340		
		$4.10<d\leqslant4.10$	1500	1270		

四、产品性能参数计算方法

（一）绞线总截面积与单线面积

（1）单线面积可按下式计算

$$S_a = \pi d_a^2/4 \qquad\qquad (3-1)$$

式中　d_a——铝单丝标称直径，若为型线则为标称等效圆直径，mm；

　　　S_a——铝单丝截面，mm²。

$$S_c = \pi d_c^2/4 \qquad\qquad (3-2)$$

式中　d_c——钢丝标称直径，mm；

　　　S_c——钢丝单丝截面，mm²。

（2）疏绕型扩径导线总截面积可按下式进行计算

$$S = n_aS_a + n_cS_c \qquad (3\text{-}3)$$

式中　n_a——绞线中铝单线根数，根；

　　　S_a——铝单线面积，mm^2；

　　　n_c——绞线中钢丝根数，根；

　　　S_c——钢线面积，mm^2；

　　　S——绞线总截面积，mm^2。

（二）绞线直径

绞线直径可按下式进行计算

$$D = (2N_c + 1)d_c + 2N_ad_a \qquad (3\text{-}4)$$

式中　D——导线外径，mm；

　　　d_a——铝单丝标称直径，mm；

　　　d_c——钢丝标称直径，mm；

　　　N_a——铝丝层数；

　　　N_c——钢线层数。

（三）绞线单位长度质量

绞线单位长度质量可按下式进行计算

$$W = S_an_a\rho_ak_a + S_cn_c\rho_ck_c \qquad (3\text{-}5)$$

式中　W——绞线单位长度质量，kg/km；

　　　n_a——绞线中铝单线根数，根；

　　　S_a——铝单线面积，mm^2；

　　　n_c——绞线中钢丝根数，根；

　　　S_c——钢线面积，mm^2；

　　　k_a——铝绞层绞合系数；

　　　k_c——钢绞层绞合系数；

　　　ρ_a——铝线密度，$2.703g/cm^3$；

　　　ρ_c——钢线密度，$7.78g/cm^3$。

（四）绞线计算拉断力

钢丝部分的拉断力偏安全的规定为：按 250mm 标距，1%伸长时的应力确定。可按下式进行计算

$$P_{\mathrm{B}} = S_{\mathrm{a}} n_{\mathrm{a}} 6_{\mathrm{ax}} + S_{\mathrm{c}} n_{\mathrm{c}} 6_{\mathrm{c}} \tag{3-6}$$

式中　S_{a}——铝单线面积，mm^2；

n_{a}——绞线中铝单线根数，根；

6_{ax}——铝线抗张强度最小值，MPa；

n_{c}——绞线中钢丝根数，根；

S_{c}——钢线面积，mm^2；

6_{c}——钢线 1% 伸长时应力最小值，MPa；

P_{B}——绞线的计算拉断力，N。

（五）绞线直流电阻

绞线直流电阻计算时，可忽略钢丝的电导率，可按下式进行计算

$$R = 1000\gamma_{\mathrm{a}} k_{\mathrm{a}}/n_{\mathrm{a}} S_{\mathrm{a}} \tag{3-7}$$

式中　R——绞线的直流电阻，Ω/km；

γ_{a}——铝线的 20℃ 导体电阻率，$\Omega \cdot \mathrm{mm}^2/\mathrm{m}$；

k_{a}——铝绞层绞合系数；

S_{a}——铝单线面积，mm^2；

n_{a}——绞线中铝线根数，根。

（六）绞线弹性模量

绞线弹性模量可按下式计算

$$E = (S_{铝} E_{铝} + S_{钢} E_{钢})/S_{铝} S_{钢} \tag{3-8}$$

式中　E——绞线弹性模量，GPa；

$E_{铝}$——铝线弹性模量，55GPa；

$E_{钢}$——镀锌钢线弹性模量，190GPa；

$S_{铝}$——绞线中铝线总截面积，mm^2；

$S_{钢}$——绞线中镀锌钢线总截面积，mm^2。

（七）绞线线膨胀系数

绞线线膨胀系数可按下式计算

$$\beta = (\beta_{钢} E_{钢} + K\beta_{铝} E_{铝})/(E_{钢} + KE_{铝}) \tag{3-9}$$

式中　$\beta_{铝}$——铝线线膨胀系数，$23 \times 10^{-6} 1/℃$；

$\beta_{钢}$——钢线线膨胀系数，$11.5 \times 10^{-6} 1/℃$；

K——铝线总截面与钢线总截面比；

$E_{铝}$——铝线弹性模量，55GPa；

$E_{钢}$——钢线弹性模量，190GPa。

五、产品制造工艺控制

（一）熔炼工艺

按不同的铝锭，采用稀土优化、硼化、加铁补强、精炼除气等综合处理方法加工，图 3-1 所示为在线除气精炼炉。

图 3-1　在线除气精炼炉

（二）电工铝杆的连铸连轧

电工铝杆的生产主要是通过工艺条件的改进和工艺技术的完善在铝杆连铸连轧机组上生产，如图 3-2 所示，在生产过程中着重对下列过程进行控制：

图 3-2　连铸连轧工艺

（1）选用带有自动称量和搅拌装置的专用铝合金连铸连轧生产线，在生产前必须清炉。

（2）选择纯度 99.70% 以上的电工铝锭来生产，同时限制硅的含量不大于 0.06%，控制铁硅比，重金属总含量不大于 0.01%，铜含量不大于 0.002%。

（3）在铝锭熔炼过程中，对炉内铝液化学成分进行再次分析，采用气泡浮游法除气，适时添加铝硼合金和铝稀土合金，以提高铝杆的性能，严格控制保温炉的温度。

（4）在浇铸过程中采取泡沫陶瓷微孔过滤除渣，采用水平浇铸，尽量避免吸气，严格按工艺控制浇铸温度。

（5）采用 PLC 联动控制浇铸机和轧制机，保证炸轧制速度恒定、轧制温度恒定；采用 H 型结晶轮，使铸锭四面均匀冷却，结晶效果相同，铝杆强度一致。

（6）严格控制入轧温度和终轧温度，控制铝杆的强度，保证铝杆的电性能。

（7）对铝杆进行 100% 检查，因型线拉拔过程中强度损失大，因此铝杆强度较拉制圆线的铝杆强度高，其强度控制在 115～120MPa 之间，伸长率在 8% 以上，20℃时电阻率在 0.02780Ω·mm^2/m 以下，并对铝杆进行 100% 的检查，符合要求的铝杆方能使用。按上述工艺用 ϕ12.0mm 铝杆进行试生产，拉制出单线的各项性能应均符合设计指标要求，并有较大的裕度。

（三）铝线拉制

控制每根铝单线抗张强度，使每层铝单线抗张强度的均匀性不超过 15MPa，控制每根铝线的 20℃时导体电阻率不超过 0.028034Ω·mm^2/m。铝线拉制采用高速滑动式铝拉机拉制。在导体拉丝过程中，不同的生产工艺对铝单线的性能有影响，主要表现在：

（1）根据试拉铝丝性能测试，确定拉丝速度和铝杆的强度，同时保持拉丝的速度、张力均匀一致。

（2）拉线股轮、导轮、模具均进行抛光处理，导向模、导线轮采用尼龙材料制成。减少中间环节对铝线表面的影响，保证铝线光洁、无毛刺。同时对周转盘内侧和筒体采用橡皮衬垫，单线存放区域采用橡皮垫，线盘呈"丁"字形排放。通过以上措施保证单线的表面质量。

（3）配模：不同的拉伸道次对铝单线的强度有较大的影响，通过对比，最后确定拉丝道次。拉制时，应将强度比较接近的铝杆放在一起拉线，以保证铝线强度的均匀性及铝单线抗拉强度。

（4）拉线模：为保证拉出来的铝单丝表面十分光洁，无任何毛刺和划痕，对拉丝模具和线模表面质量进行改进，解决铝单线表面的问题。

（5）拉丝油离心式过滤系统：型线拉丝变形量大，拉丝过程产生的铝粉多，为保证铝型线表面光洁度好，为拉丝机配备拉丝油离心式过滤系统，以过滤油中的铝粉，避免在模具中形成铝瘤。

通过以上措施，生产过程中严格控制，使拉制的铝单线的合格率达100%，且拉出的铝丝质量一致性好，电阻率和强度均能满足要求。

（四）外层铝线的直径控制

对于相同直径的疏绞型扩径导线，若内层、邻内层铝股线径略大，外层铝股线径略小，则会使外层铝股间隙增大，当导线受拉缩径后，则外层铝股间还能保持相对较大的间隙，从而提高导线临界跳股张力，提高导线稳定性。故在疏绞型扩径导线制造时，应按照该原则对铝线的直径公差范围进行控制。

（五）扩径导线的绞制

型线扩径导线的支撑层绞合难于普通导线，它要求铝单线疏绞，单线间隙均匀，如按照常规方式绞合，会出现单线间隙不均，还可能出现多根铝线并列接触在一起。选用JLK-630/12＋18＋24＋30分体式整体盘框式绞线机进行绞制，关注以下细节。

（1）对绞制疏绞层铝线的分线盘、预成形装置进行工艺改造，重新按结构均匀分线，重新配置分线盘及预成形装置，绞线时调节分线板与预成形装置及压模，保持适度的距离，并选择合适的绞合角度，保持在23°～25°之间，调节放线张力，选择最佳的并线模与分线板之间的距离，保证支撑层分布绝对均匀，确保结构均匀、稳定。如图3-3所示。

图3-3　均匀分布的绞合头

（2）绞制前，对每盘铝单线的线径、表面光洁度、导电率、抗拉强度进行检测，并停放 16h 以上，同时保证铝线强度的均匀性，根据强度指标值进行分组配盘，同时考虑疏绕绞合层铝线受挤压情况比紧密绞合时严重，中层铝线容易产生压痕使铝线受伤，严重时会影响导线的整体拉断力，为了减小压痕，将抗拉强度较大的铝线放在疏绕层。同时为了保证导线的每层铝线抗拉强度波动范围不超过 20MPa，在检验时做好标识，把强度值不超过 20MPa 范围内的铝线分区摆放，上盘时将抗拉强度值相近的铝线放在同一绞层中。

（3）为了确保支撑层铝型线进入并线模前不发生翻转，需对型线单线进行定位，从线盘出来就要对单线进行定位，确保单线在绞笼圆周方向的线形排列一致。在绞笼前端安装定位装置。该装置具有分线及翻身功能，在绞合时，将铝线通过定位装置固定，再对单线进行预扭，扭转方向与绞合方向相同，扭转角度为 360°或 720°，根据线盘上单线排列情况，也可为 180°或 540°。

（4）为了满足特高压输电线路的要求，提高导线的表面质量，采取相应的措施，对绞线机组上的所有过线模、导轮、牵引等与铝线直接接触的部件和部位，采用棉布包扎。为保证铝线表面在绞线过程中不受损伤，并保证外径的一致性，在开机前对线嘴和预成型导轮进行检查，更换所有已坏的嘴线和预成型导轮，压线模使用硬质木模，既保证不损伤铝线表面质量，又不易磨损。

（5）为防止导线松散，消除单线在绞合时因扭转弹性而产生的内应力，在绞线机并线模前安装预成型装置，见图 3-4，使单线在进入并线模前形成 S 形走向，对各单线都给以预扭；同时在成品出线处增加整股导线的预成型装置，见图 3-5，最大限度地消除铝线应力，使导线绞后十分服帖，同时有效地解决了成品绞线松散、蛇形问题，消除了绞线截断后的散股现象。

图 3-4　单线预扭装置　　　　　　图 3-5　绞线预成型装置

（6）绞线的节径比控制。从理论上讲，节径比越小，节距越小，导线绞合越紧密。但是扩径导线的节径比不是越小越好，节径比太小导线出现"蛇形"，同时应力也会增大，因此选择合适的节径比是至关重要的。选取节径比的总原则是：铝线最外层节径比应为 10~12；铝线内层的节径比应为 10~16；且任一铝线绞层的节径比应不大于紧邻内层的节径比。如四层铝线，通常最外层的节径比为 12，内三层的节径比依次为 13、14、15。合适的节径比对后期导线的展放、紧线都有很大的好处。

（7）绞线张力的控制。首先单线的张力要均匀，因此要多检查维护张力稳定自动控制系统，见图 3-6，保证设备处于最佳状态；其次是收线张力的控制适当，线盘底层的排线张力大于外层的张力，通常情况下，底层排线张力为收线机张力的 40%，外层排线张力逐渐递减，最外层排线张力为收线机张力的 25%~30%。

图 3-6　自检张力

（8）外观质量的控制。导线绞合前应检查各绞线机上的导线管，及时更换所有磨损的导线管；生产过程中应注意及时更换磨损变大的并线模，新更换的并线模的进线区和定径区要打磨光滑，进线区和定径区连接处应光滑过渡；生产过程中注意避免铝线触及油污。

（9）绞制速度的控制。由于扩径导线的排列方式造成内层和外层铝线间有数根股数的间隙，为保证绞合状态一致，使各股线的张力、节距等处于同样的绞制状态，要保证匀速的绞合速度。如图 3-7 所示，绞线绞合开始后，应对绞线的结构、绞向、节距、表面质量、外径等进行自检。

（10）收线时为保证导体间不发生相互擦伤，由专人负责排线。每层导线之间以及每层导线的每根之间都垫上电缆纸，调整收线张力，保证绞线线与线间不相互压伤。

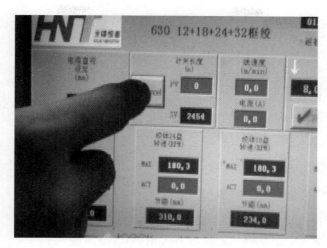

图 3-7　参数自检

（六）铝单线的焊接

扩径导线导线样品试制要求，内层铝线允许有不多于铝层个数的接头，必须提供铝单线焊接接头样品，需采用 CW3 冷压焊机进行接头焊接验证试验。经验证，焊接后得抗拉强度最低 169MPa，最高 175MPa。

第三节　铝管支撑型扩径导线

铝管支撑型扩径导线由铝线/耐热铝合金线、钢丝（耐热铝合金扩径导线没有钢丝）、铝管组成。

一、产品中各材料执行标准

GB/T 1179—2017 圆线同心绞架空导线

GB/T 20141—2006 型线同心绞架空导线

GB/T 3880—2012 一般工业用铝及铝合金板、带材

GB/T 30551—2014 架空绞线用耐热铝合金线

GB/T 3428—2012 架空绞线用镀锌钢线

GB/T 17048—2017 架空绞线用硬铝线

二、产品性能参数计算方法

（一）绞线总截面积与单线面积

（1）单线面积可按式（3-1）、式（3-2）进行计算。

（2）空心铝管面积可按下式计算

$$S_b = (D_0 - t)t\pi \tag{3-10}$$

式中　D_0——空心铝管外径，mm；

　　　　t——铝管管壁厚度，mm。

（3）铝管支撑型扩径导线总截面积可按下式计算

$$S = n_a S_a + S_b + n_c S_c \tag{3-11}$$

式中　n_a——绞线中铝单线根数，根；

　　　　S_a——铝单线面积，mm^2；

　　　　S_b——空心铝管面积，mm^2；

　　　　n_c——绞线中钢丝根数，根，若无钢芯，$n_c=0$；

　　　　S_c——钢线面积，mm^2，若无钢芯，$S_c=0$；

　　　　S——绞线总截面积，mm^2。

（二）绞线直径

绞线直径可按下式计算

$$\pi(D^2 - D_0^2)/4 = (n_a S_a + n_c S_c)/\lambda \tag{3-12}$$

式中　D——导线外径，mm；

　　　　D_0——空心铝管外径，mm^2；

　　　　n_a——绞线中铝单线根数，根；

　　　　S_a——铝单线面积，mm^2；

　　　　n_c——绞线中钢丝根数，根，若无钢芯，$n_c=0$；

　　　　S_c——钢线面积，mm^2，若无钢芯，$S_c=0$；

　　　　λ——单线绞合层填充系数，0.92。

（三）绞线单位长度质量

绞线单位长度质量可按下式计算

$$W = S_b k_b \rho_b + (S_a n_a \rho_a + S_c n_c \rho_c)k_a \tag{3-13}$$

式中　W——绞线单位长度质量，kg/km；

　　　　S_b——空心铝管的截面积，mm^2；

　　　　k_b——轧纹系数，1.02；

　　　　ρ_b——铝管密度，$2.703g/cm^3$；

　　　　n_a——绞线中铝单线根数，根；

S_a——铝单线面积，mm^2；

n_c——绞线中钢丝根数，根，若无钢芯，$n_c = 0$；

S_c——钢线面积，mm^2，若无钢芯，$S_c = 0$；

k_a——绞合系数，1.02；

ρ_a——铝线密度，$2.703g/cm^3$；

ρ_c——钢线密度，$7.78g/cm^3$。

（四）绞线计算拉断力

铝管支撑型扩径导线计算拉断力，为了安全保守起见，铝管的抗拉强度不计。若有钢丝，钢丝部分的拉断力偏安全的规定为：按250mm标距，1%伸长时的应力来确定。

$$P_B = 0.95 S_a n_a \sigma_{ax} + S_c n_c \sigma_c \qquad (3\text{-}14)$$

式中　S_a——铝单线面积，mm^2；

n_a——绞线中铝单线根数，根；

σ_{ax}——铝线抗张强度最小值，MPa；

n_c——绞线中钢丝根数，根，若无钢芯，$n_c = 0$；

S_c——钢线面积，mm^2，若无钢芯，$S_c = 0$；

σ_c——钢线1%伸长时应力最小值，MPa；

P_B——绞线的计算拉断力，N。

（五）绞线直流电阻

铝管支撑型扩径导线的直流电阻，若有钢丝，忽略钢丝的电导率。

$$\frac{1}{R} = \frac{1}{R_b} + \frac{1}{R_a}$$

$$R_b = \frac{1000 K_b r_b}{S_b}$$

$$R_a = \frac{1000 K_a r_a}{n S_a} \qquad (3\text{-}15)$$

式中　R——绞线的直流电阻，Ω/km；

γ_b——铝管的20℃导体电阻率，$0.028264\Omega \cdot mm^2/m$；

k_b——轧纹系数，1.02；

S_b——空心铝管的截面积，mm^2；

γ_a——铝线的20℃导体电阻率，$\Omega \cdot mm^2/m$；

k_a——铝线绞合系数，1.02；

S_b——空心铝管的截面积，mm^2；

S_a——铝单线面积，mm^2；

n_a——绞线中铝线根数，根。

（六）绞线弹性模量

绞线弹性模量可按式（3-8）进行计算。

（七）绞线线膨胀系数

绞线线膨胀系数可按式（3-9）进行计算。

三、产品制造工艺控制

（一）产品工艺流程

铝管支撑型扩径导线制造工艺流程根据外层股线的不同可分为三种：第一种铝管支撑型扩径导线外层股线包含镀锌钢线和铝线，此种导线易出现电化学腐蚀，且在导线制造过程中绞线困难，目前已被淘汰；第二种铝管支撑型扩径导线外层股线为耐热铝合金线；第三种铝管支撑型扩径导线外层股线为高强耐热铝合金线。本书仅对目前常用的后两种铝管支撑型扩径导线产品工艺流程进行叙述。

（1）JLHN58K 扩径导线工艺流程图如图 3-8 所示。

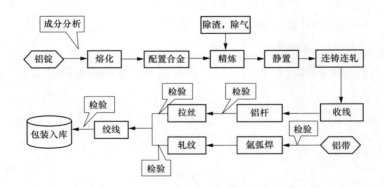

图 3-8　JLHN58K 扩径导线工艺流程图

（2）扩径导线工艺流程图如图 3-9 所示。

（二）产品名称、型号和表示方法

各单线名称和代号为：圆铝线（L）、镀锌钢丝（G）、空心（K）、扩径（K）。产品型号命名见表 3-10，产品制造工序及设备选用见表 3-11。

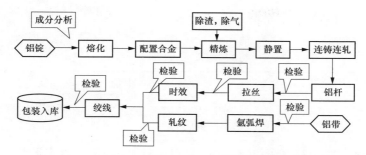

图 3-9　JGQNRLH55X2K 扩径导线工艺流程图

表 3-10　　　　　　**产　品　型　号　命　名**

名称	型号
铝管支撑型耐热铝合金线扩径导线	JLHN58K
铝管支撑型高强耐热铝合金型线扩径导线	JGQNRLH55X1K、JGQNRLH55X2K

表 3-11　　　　　　**产品制造工序及设备选用**

工序	生产设备	工装条件
氩弧焊	金属氩弧焊管轧纹机组	氩弧焊直径范围在 ϕ30.00～120mm，带有自动轧纹
连铸连轧	连铸连轧机组	五轮铸机、十三头三辊轧机、竖炉容量大
拉丝	高速铝大拉丝机	630 盘收线自动换盘，冷却系统循环通畅、冷却充分
	十模铝大拉丝机	630 盘收线，冷却系统循环通畅、冷却充分
	八模铝大拉丝机	
绞线	KJY400/36＋36 型、KJY400/48＋48 型钢丝（铜丝）铠装机	集中上下盘，预成形装置，线盘张力自动控制系统、断线停车装置
	冷焊机	焊接范围广：2.0～5.0mm

（三）材料选用

（1）不同扩径导线铝杆材料的选用如表 3-12、表 3-13 所示。

表 3-12　　　**JLHN58K 扩径导线用 58％IACS 耐热铝合金杆材料的选用**

材料名称	性能			
	状态	20℃导体电阻率（$\Omega \cdot mm^2/m$）	抗张强度（MPa）	断裂伸长率（％）
58％IACS 耐热铝合金杆	L6	≤0.02950	110～120	≥8.0

表 3-13　　　**JGQNRLH55X2K 扩径导线用 55％IACS 耐热铝合金杆材料的选用**

材料名称	性能			
	状态	20℃导体电阻率（$\Omega \cdot mm^2/m$）	抗张强度（MPa）	断裂伸长率（％）
55％IACS 耐热铝合金杆	L6	≤0.03100	130～150	≥8.0

（2）铝带材料的选用如表 3-14 所示。

表 3-14   铝 带 材 料 的 选 用

材料名称	性能			
	纯度	20℃导体电阻率 （Ω·mm²/m）	抗张强度 （MPa）	断裂伸长率 （%）
铝带	≥99.5	≤0.028264	≥55	≥16

（四）质量控制

生产过程产品关键质量控制点见表 3-15。

表 3-15   关 键 质 量 控 制 点

生产工序	关键质量控制点	控制内容
铝管氩弧焊工序	1. 外观	表面光洁、无污
	2. 外径	外径控制在±1%d
	3. 椭圆度	椭圆度不大于 1%
	4. 轧纹深度	在工艺规定的范围内
	5. 轧纹间距	在工艺规定的范围内
	6. 外螺纹方向	右向
铝杆轧制	1. 保温	温度在 710~720℃ 4h 以上
	2. 除渣	表面铝渣应清除干净
	3. 浇铸	680~710℃下浇铸
	4. 轧制	普通铝杆、58%IACS 耐热铝合金杆在温度 460±5℃进行铝杆的轧制，55%IACS 耐热铝合金杆入轧温度 510~530℃
拉丝	1. 配模	合理的拉伸比，以保证强度合格
	2. 铝丝直径	控制在工艺范围内
	3. 冷却	表面拉出温度不高于 65℃
	4. 表面质量	光滑、无油污
	5. 停放	16h 以上
铝合金丝时效	1. 温度	按工艺文件规定温度，偏差±5℃
	2. 时间	按工艺文件规定时间，偏差±10min
	3. 表面质量	无油污、无擦伤

生产工序	关键质量控制点	控制内容
绞线	1. 表面质量	光滑、无擦伤、无蛇形、不松散
	2. 分线	钢丝间隔排列，间隔应均匀一致
	3. 绞合节距	在工艺规定的范围内
	4. 单线张力控制	各单线张力应适中，并应一致
	5. 预成形装置	应调整到位，保证每根的预成型量一致，表面不松散
	6. 收线张力、排列	排线应整齐，张力大小适中，不应压伤绞线表面，不应使空心铝管产生变形
	7. 接头	内层接头个数不多于铝线的总层数＋1，外层无接头，接头应由通过资格认定的人进行（样品线必须无任何接头）
	8. 铝管椭圆度	铝管椭圆度不大于2％

注　55％IACS耐热铝合金杆拉丝后需时效，硬铝线和58％IACS耐热铝合金线不需时效。

（五）工艺要求、工序质量控制及工序质量检验

1. 拉丝

（1）拉丝配模应满足拉丝设备的速比，一般采用8～13模进行拉丝。

（2）导体拉制时要求定长收线，不允许有任何种类接头，除了在最后一道拉伸以前形成的那些接头之外。

（3）导体表面光滑、没有裂缝折叠、气泡、腐蚀斑点、断裂及目力可见的缺陷。收线时收线盘必须圆整，不能对导体表面造成任何损伤，必要时可采取一定的保护措施。

（4）必须保证导体在流转时不发生相互的碰撞，以免对导体表面造成损伤。

（5）冷却系统必须通畅，满足拉丝冷却要求。

（6）导体直径须保持均一，操作工须定期检查导体直径，必须对抗张强度和电阻率按质量计划规定的进行抽检，合格后方可流转到下道工序。

（7）拉丝后的铝单线必须放置足够的时间（16h以上）以保证用于绞线时的所有铝单线具有相同的温度。

（8）铝单线的收排线应均匀整齐，不得有单边高低、紊乱、搭线等现象。

（9）半制品应挂好制造卡，写明型号、规格、长度制造日期及制造人姓名。

2. 拉丝质量检验

（1）铝单线、耐热铝合金单线表面应光洁、色泽均匀、无油污，无任何缺陷和机械损伤。

（2）拉丝后铝单线的电性能和机械性能应符合相关标准的规定。

（3）拉丝后55％IACS、58％IACS耐热铝合金单线的电性能和机械性能应符

合表 3-16 的规定。

表 3-16 耐热铝合金单线电性能和机械性能

标称直径 d (mm)	线径偏差 (mm)	58%IACS、耐热铝合金线抗张强度 (MPa)	55%IACS高强度耐热铝合金单线抗张强度 (MPa)	230℃、1h加热后强度保持率不小于 (%)	卷绕性能	20℃导体电阻率 (Ω·mm²/m)	
						58%IACS耐热铝合金线	55%IACS高强度耐热铝合金单线
d≤2.60	±0.03	170	≥210	90	以不超过60r/min 的速度在直径与硬铝线直径相同的芯轴上卷绕8圈，然后退绕6圈，再重新紧密卷绕，不断裂	≤0.029726	≤0.03360
2.60<d≤2.90							
2.90<d≤3.00							
3.00<d≤3.50	±1%d	165					
3.50<d≤3.80							
3.80<d≤4.00		160					
4.00<d≤4.50							
4.5<d≤5.00							
5.00<d≤5.50		155					

3. 时效

（1）55%IACS 高强耐热铝合金杆拉丝后 24h 内必须进行时效处理，时效处理后的高强耐热铝合金丝和未时效处理的铝合金丝必须分开堆放，合格品与不合格分开堆放，并放置在指定区域内。

（2）炉体温度达到时效工艺中规定温度时（此温度应参考时效炉巡检温度值），才可向炉内放丝。时效时间到达时效工艺规定时间后，应及时取出铝丝。

（3）时效工序前后，在铝合金丝流转过程中必须避免撞丝。

（4）时效后的铝合金丝每一盘均必须检测，合格后进行绞线。

4. 时效质量检查

时效后 55%IACS 高强耐热铝合金线的性能应符合表 3-17 的规定。

表 3-17 时效后 55%IACS 高强耐热铝合金线的性能

标称直径 d (mm)	线径偏差 (mm)	高强度耐热铝合金单线抗张强度 (MPa)	伸长率 (%)	230℃、1h加热后强度保持率不小于 (%)	卷绕性能	20℃导体电阻率 Ω·mm²/m
d≤2.60	±0.03	≥248	1.5	90	以不超过60r/min 的速度在直径与硬铝线直径相同的芯轴上卷绕8圈，然后退绕6圈，再重新紧密卷绕，不断裂	≤0.031347
2.60<d≤2.90		≥245	1.6			
2.90<d≤3.00			1.7			
3.00<d≤3.50	±1%d	≥241	1.7			
3.50<d≤3.80			1.8			
3.80<d≤4.00		≥238	1.9			
4.00<d≤5.50		≥225	2.0			

5. 氩弧焊轧纹铝管

（1）铝带应清洁，无变形、卷边现象，宽度应符合工艺要求。铝带厚度不超过标称值的±3%。

（2）轧纹铝管氩弧焊过程中要注意通条稳定性，保证轧纹铝管的轧纹深度、轧纹间距、外径均匀一致，且符合工艺要求，不得有轧纹间距、深度不一致现象。并检查焊管内侧的焊纹质量，要求光滑、连续，焊纹的高度不得大于0.3mm，铝套表面形状应规则、光滑。焊缝应密封、规则，不得有砂眼、铝渣物等缺陷，表面擦伤可修补，但应保证铝套厚度与外观质量。

（3）氩弧焊补焊点越少越好，每百米补焊点的个数不超过2个，补焊点必须平整，补焊点外径不大于标称外径+0.3mm。

6. 工序质量检验

（1）铝带接头应平整，接头夹角应大于40°，接缝边缘处不允许有漏焊点。

（2）轧纹铝管的轧纹深度、轧纹节距、轧纹后外径、椭圆度应符合临时工艺文件规定，铝管需首、尾两端送检，铝管两端轧纹间距、深度、外径一致，方可流转到下一道工序。

氩弧焊的轧纹铝管尺寸应符合表3-18的规定。

表3-18 轧 纹 铝 管 尺 寸

扩径导线型号	铝管外径（mm）	铝管壁厚（mm）	轧纹间距（mm）	轧纹深度（mm）	圆整度（%）
LGKK-600	39.0±0.2	2.0～2.2	18.4±0.2	3.0±0.2	≤1
LGKK-900	27.0±0.2	1.8～2.0	11.6±0.2	2.5±0.2	≤1
LGKK-1400	27.0±0.2	1.8～2.0	11.6±0.2	2.5±0.2	≤1
JLHN58K-1600	52.5±0.3	2.0～2.2	20.5±0.2	3.5±0.2	≤1
JGQNRLH55X2K-700	43.5±0.2	1.5～1.7	23±0.2	3.0±0.2	≤1

注 铝管尺寸若达不到技术文件规定要求，要及时反馈到研发部，避免造成金具与扩径导线不能配合使用。

7. 工序质量缺陷分级

工序质量缺陷分级见表3-19。

表3-19 轧纹铝管工序质量缺陷分级

项 目	质量缺陷	分 级
轧纹铝套质量	1. 轧纹铝套轧纹深度、轧纹节距	A
	2. 轧纹后外径	A
	3. 椭圆度	A
	4. 表面质量	B
	5. 壁厚	B

8. 绞合

（1）架空压模用胶木模具或硬木模具或中密度 PE 材质压模，模具必须光滑，应定期检查模具的表面，如有磨损或表面出现不光滑时，应及时更换模具。

（2）绞线前，必须检查各过线嘴，如过线嘴磨损时必须更换，不允许在绞线过程中使导体表面受到任何擦伤或擦纹，同时绞线前应检查计米器轮不能擦伤绞线表面，牵引轮表面必须包帆布。

（3）绞线机必须有预成型装置，绞合时，应正确调整使用预成型装置和分线盘，保证单线排列均匀，线与线不相碰不交叉且保证绞合外径均匀一致，切断时绞合单线不松散。控制各放线盘张力必须均匀一致，保证绞线不能出现蛇形。

（4）对于多层绞线，最好一次性绞合，如在设备不允许的情况下，也以分两次绞合，但是分两次绞合时，为了防止松散，可以在第一次绞合时绕包一层无纺布，在绞合第二层时拆除。

（5）绞线中铝单线和钢丝成间隔排列，钢丝在铝线中应分布均匀。

（6）用于绞线的所有铝单线和钢绞线应具有基本相同的温度，即拉丝后必须放置足够的时间（16h 以上）。

（7）绞合时应使用移动放线架，保证轧纹铝管圆整的进入绞合，应正确调整放线张力、收线张力和牵引张力，绞合过程中不允许出现铝管压扁的任何因素。

（8）节距控制在工艺范围内，任一绞层铝线的节径比应分别不大于其相邻内层的节径比。当绞合开始后，同一合同所供所有导线各层节距应统一、一致。

（9）绞合时，铝单线焊接采用冷压焊，焊接强度不小于 130MPa。导线接头个数不多于表 3-20 规定接头的个数。

表 3-20　　　　　　　　　　规 定 接 头 个 数

铝线层数	整根导线允许的接头个数
1	2
2	3
3	4

（10）收线上盘时不允许用木榔头敲击扩径导线，敲击会导致导线端头 10 多米松散。绞线不允许落地，线盘盘面必须平整。线盘的筒体直径不小于导线外径的 40 倍。

（11）绞线内端头固定方式：导线在上盘前，里面的端头先用黑胶布包一层，再用掐箍箍紧（掐箍高出部分上盘后朝侧板，防止损伤导线），在掐箍内侧导线上用 $\phi 1.5\sim 2.0$mm 细钢丝 $3\sim 5$ 根绑扎 $5\sim 6$ 圈，钢丝留出 $300\sim 350$mm 长，再在掐箍两侧、掐箍及绑扎的钢丝上用黑胶布再包一层收紧导线，找出离内端头最近的一条筒体缝隙，将留出的细钢丝穿出缝隙并收紧导线，利用细钢丝将导线固定在角钢上。电线端头应固定牢靠。

（12）绞线外端头固定方式：绞线外端头在上盘前，端头先用黑胶布包一层，在掐箍内侧导线上用 $\phi 1.5\sim 2.0$mm 细钢丝 $3\sim 5$ 根绑扎 $3\sim 5$ 圈，钢丝留出 $200\sim 250$mm 长，再在掐箍两侧、掐箍及绑扎的钢丝上用黑胶布再包一层，切断导线，收紧导线，找出离外端头最近的一条侧板缝隙，将留出的细钢丝穿出缝隙并收紧导线，同时在导线外端头斜出方向的反方向 $200\sim 250$mm 处斜钉一只 $\phi 4\times 30$mm 的圆铁钉（注：订圆钉时圆钉不可穿出侧板）。将导线外端头的细钢丝绑扎在圆钉上，电线端头应固定牢靠。

（13）成品单丝直径不小于 $0.99d$（d 为单丝标称直径）。

9. 工序质量控制

工序质量缺陷分级见表 3-21。

表 3-21 工 序 质 量 缺 陷 分 级

项目	质量缺陷	分级	备注
单线直径	1. 表面毛刺	B	A—致命缺陷 B—重缺陷 C—轻缺陷
	2. 断裂	A	
外径及根数	1. 缺股	A	
	2. 外径超过偏差	B	
绞合节距	节距偏大或偏小	B	
绞向	方向错误	A	
铝管外径、椭圆度	1. 铝管失圆	A	
	2. 轧纹深度、间距不一致	A	
外观质量	1. 擦伤、花线、蛇形、松股、单线拱起	A	
	2. 排线零乱、踏线	A	

工序质量检验见表 3-22。

表 3-22 工 序 质 量 检 验

工序	检测要求	测试设备	检验频次
铝杆轧制	成分分析	光谱分析仪	抽检
	电阻率	QJ57 或 QJ36	抽检
	抗张强度	拉力机	抽检
	伸长率	拉力机	抽检
	外观	目测	全检

工序	检测要求	测试设备	检验频次
拉丝	外观	目测	全检
	直径	千分尺	
	电阻率	QJ57	抽检
	抗张强度	拉力机	
	伸长率	拉力机	
	单重	天平	
	卷绕	卷绕机	
时效	外观	目测	全检
	直径	千分尺	
	电阻率	QJ57	
	抗张强度	拉力机	
	伸长率	拉力机	
	卷绕	缠绕机	
	反复弯曲	弯曲机	
铝管氩弧焊工序	铝带外观	目测	全检
	厚度	尖头千分尺	
	轧纹后铝管的直径	游标卡尺	
	轧纹深度、轧纹节距	深度尺、直尺	
	铝管椭圆度	游标卡尺	
绞线	长度	计米器	抽检
	外观	目测	
	直径	卡尺	
	各层节距	直尺	
	各层绞向	目测	
	绞后单丝电阻率	QJ57 或 QJ36	
	绞后铝丝抗张强度	拉力机	
	绞后铝丝伸长率	拉力机	
	铝丝卷绕	卷绕机	
	铝带厚径	千分尺	
	轧纹铝管直径	游标卡尺	
	轧纹深度	游标卡尺	
	螺纹间距	游标卡尺	
	铝管椭圆度	游标卡尺	
	钢丝抗张强度	拉力机	
	钢丝伸长率	拉力机	
	钢丝 1% 伸长应力	拉力机和蝶式引伸仪	
	自身缠绕	缠绕机	
	4D 缠绕	缠绕机	
	锌层均匀性	化学试剂	
	锌层重量	化学分析和分析天平	
	钢丝扭转	线材扭转机	
	绞线直流电阻	QJ36	

第四节　扩径导线包装技术

为了规范扩径导线的包装，使扩径导线的包装标准化、简单化，避免因包装不当引起导线性能变化，特对扩径导线的包装技术进行了研究。

一、盘具

扩径导线的收线盘应采用铁木盘，铁木盘的实物图如图 3-10 所示，结构示意图如图 3-11 所示。对铁木盘的筒径要求为大于 40 倍导线直径。扩径导线 JL(X)K/G1A-530(630)/45 的收线盘尺寸建议为：外径 D 为 2200mm；内径（筒径）1400mm；宽度 d 为 1100mm。每盘扩径导线长度不超过 2500m。

图 3-10　铁木盘实物图

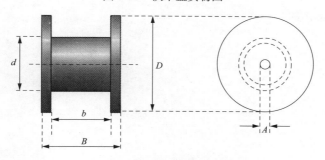

图 3-11　铁木盘的结构示意图

二、内包装聚乙烯薄膜

包装时，聚乙烯薄膜禁止刮伤、刮坏，不允许有明显的灰尘沾在内包装材料上；若内包装材料（聚乙烯薄膜）比盘具宽，应将多余部分折叠或去除，内包装两侧要与盘具内侧板齐平；在裁剪内包材料时，须保证端面齐平。接头交叉重叠部分不超过 10cm，用胶布横向密封保证雨水不进入内包中，将封口一律放至盘具侧面并保证外接口向下。内包装材料聚乙烯薄膜的密封要求见图 3-12。

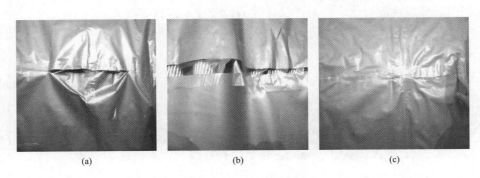

(a)   (b)   (c)

图 3-12　内包装材料聚乙烯薄膜的密封要求
（a）横向密封；（b）不密封；（c）未平整拱起

三、外包装竹片

在外包竹片时，根据盘具大小、宽窄，选用相应规格的外包竹片。同时检查包装材料有无蛀虫、变形、损坏等现象。包外包时应注意竹片平整，无偏斜、起拱等现象。竹片包装完毕后，用两道打包带包扎。打包带上下应保持在一个平面，不得打扭；打包扣接口向内，夹紧。包装完成后铲至成品堆放场地有序堆放，做好防风防雨措施。

第四章　疏绞型扩径导线的截面稳定性评估体系与系列化

第一节　扩径导线的截面稳定性评估体系

一、扩径导线截面失稳

我国早在 20 世纪 70 年代 330kV 刘家峡—关中线路上就已采用了扩径导线，但未采用张力放线。在 750kV 官厅—兰州东线路上应用 LGJK-300/50 型扩径导线时，其张力放线尚无先例。虽然在放线过程中采用了一些新工艺和新规定，如放线滑车轮槽接触导线部分挂胶、使用专用卡线器、放线区段的放线滑车数不能超过 16 个、导线在放线滑车上往返的次数不能超过 5 次、放线张力不宜过大等，但放线过程中扩径导线仍多处出现跳股现象，跳股为不均匀分布，跳出铝股大多数为单股，跳出部分为单丝直径的 1/3～2/3，在塔位高差大的地方跳股现象严重，地形平缓地方跳股较轻。V 标段出现的跳股每处长度为 200～400mm，单股跳出高度不超过单丝直径的 1/3。IV 标段的跳股更为严重，最长处达 80m，最严重处跳出高度超过单丝直径的 1/3，如图 4-1 所示。

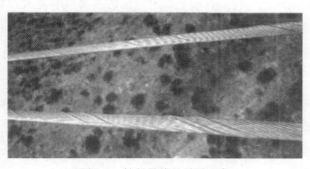

图 4-1　扩径导线的跳股现象

通过分析发现，出现上述现象的原因为：导线有 5 层线股，相邻层的线股绕向相反。假如在放线过程中能够在滑车所在处观察导线截面，看到的是相邻层股导线在反方向旋转。最下端最外层铝股线中的股线受到的力最大，其他股线随着与最下端股线的距离增大而受力逐渐减小。导线每过滑车一段距离，在滑车处导线的截面如图 4-2 所示，这是对扩径导线最不利的情况。在导线的下半部分每一层线股中有 1 根出现在导线中心的垂直方向上。尽管最外层最下端的股线受力最大，但由于其上每层刚好有一股导线，该股线不会被挤入导线中。而两侧相邻的股线则不然，它们也受到很大的挤压力，但由于它们上方邻外层和内层刚好没有股线，因此被挤入导线中，同时最下端股线被轻微挤出。当该段导线通过滑车后，由于挤压力消失，放线张力、线股间的挤压和股线本身的弹性，这 2 根股线恢复到原位置，但在恢复过程中，它们将最下端的股线继续向外挤出，发生跳股现象[6]。以上仅是出现跳股的一种情况，在很多类似的情况下也会发生跳股现象。

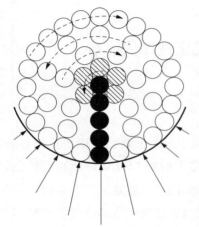

图 4-2　导线过滑车时的受力情况

经过设计、科研和生产厂家等相关单位的潜心研究及改型，特别是从导线截面结构、单股铝线公差等方面进行改进，LGJK-310/50 导线最终在后续工程中得到了部分应用。

二、扩径导线截面稳定性试验

（一）试验设备

扩径导线的截面稳定性是其安全稳定应用的主要影响因素。要研究导线结构的失稳特性首先应分析导线结构的局部受力状态，由于导线局部结构复杂，接触副类型较多，使得其线股间的应力分布也非常复杂，很难通过理论计算和试验测量获得其准确的受力状态。因此，尝试通过试验和数值分析相结合的方法揭示导线接触面上的应力分布、失稳条件、失稳特征，可以为大截面扩径导线可靠性设计和安全使用提供有效的研究方法和有力的技术支持。

由于现场展放试验需要的场地大、牵张设备多、导线长度长、试验周期长、费用高、跳股现象难以观测等，因此无法将之作为建模参数化试验研究的手段。

本书通过大量调研、分析、试验验证，设计了一种试验方法并研制了一套倒三角型试验设备，作为建模参数化试验研究的工具，试验原理示意图如图4-3所示。

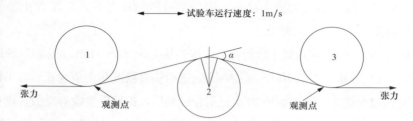

图 4-3　试验原理示意图

1，2，3—滑轮；α—包络角

试验装置如图4-4所示，由滑轮车、轨道、卷扬机、钢丝绳、拉力机组成。

图 4-4　试验装置

（二）试验条件

试验条件如下：

（1）滑轮呈倒三角形摆放；

（2）包络角为30°；

（3）运动形式为往复运动；

（4）机构行走速度为1m/s；

（5）试验设备的标高为1.5m，观测点位于试件离开上部滑轮的位置，如图4-4所示；

（6）最大加载张力为500kN；

（7）试样长度为21m。

（三）试验方法

本试验的目的是确定扩径导线的临界跳股张力，以及观察在不同的试验张力作用下，扩径导线跳股后的截面状态、内层铝股压痕状态等，为参数化数值模拟提供充分依据。

试验拟采用顺序法逼近最小跳股张力，张力从 $15\%RTS$（Rated Tensile Strength，额定抗拉强度）开始，按 $5\%RTS$ 递增，直到逼近临界跳股张力值为止。在不同张力下，取 20 次过滑轮为上限，如果 20 次过滑轮试验后，扩径导线没有跳股，则可以认为导线在此张力作用下不会跳股，截面稳定。如果扩径导线在 $15\%RTS$ 张力下跳股，则张力每隔 $5\%RTS$ 递减；如果张力低于 $10\%RTS$，则每隔 $1\%RTS$ 递减。

详细试验步骤如表 4-1 所示。

表 4-1   试 验 步 骤

序号	阶段	试验步骤
1	试件安装与标记	选择无松散、无损伤、21m 长的导线作为试件 SJ，测量导线初始外径并编号
2		将试件 SJ 通过连接导线与拉力机连接，同时将试件 SJ 安装在滑轮车上
3		将滑轮车安放在轨道上，并与牵引钢丝相连
4		用黑色油漆笔标记试件 SJ 的中间位置
5	试验阶段	在试件 SJ 上施加所要求的荷载，并启动卷扬机牵引滑轮车
6		观察每次过滑轮后试件是否松散、跳股，测量并记录试件 SJ 中间位置外径长轴和短轴的大小
7		判断
8		检查仪器，并按照操作规程关机，将跳出的线股用油漆笔描深，对试件跳股部位进行拍照
9		沿跳股最严重的区域两端各向外延 500mm 处用线卡将试件 SJ 固定，再取下试件，两线夹之间长度约为 1000mm
10		沿线夹外侧将试件 SJ 切开，得到长度约为 1000mm 的试件 SJD
11		松开线夹，借助线卡将试件 SJD 两端固定
12		用油漆笔在试件 SJD 上书写试件编号
13	后处理	将 SJD 放置于木槽中，待木槽放满后倒入环氧树脂
14		搅拌环氧树脂
15		将搅拌好的树脂倒入木槽中，在常温下固化约 30h
16		取出试件
17		切割树脂块
18		观察截面变化，对变化较大的截面进行拍照并填写试验记录
19	试验结束	分析扩径导线跳股的原因，填写试验报告

（四）试验案例

LGJK-400(500)/45-30.00 是目前工程使用成熟的扩径导线（该种导线在放线张力不大于 25%RTS 时不应发生跳股）。LGJK-400(500)/45-30.18 是为与之对比，而设计试制的一种新的未在工程上应用过的扩径导线。用上述两种扩径导线进行试验设备与方法的验证工作。两种导线的参数如表 4-2 所示。

表 4-2 　　　　　　　　　　LGJK-400(500)/45 扩径导线技术参数响应表

<table>
<tr><td colspan="2">项目</td><td>单位</td><td>LGJK-400(500)/
45-30.00 型导线</td><td>LGJK-400(500)/
45-30.18 型导线</td></tr>
<tr><td rowspan="2">结构</td><td>铝单线</td><td>根</td><td>40</td><td>40</td></tr>
<tr><td>镀锌钢线</td><td>根</td><td>7</td><td>7</td></tr>
<tr><td rowspan="4">各层线
股参数</td><td>外层　根数/直径</td><td>根/mm</td><td>22/3.60</td><td>22/3.55</td></tr>
<tr><td>邻外层　根数/直径</td><td>根/mm</td><td>10/3.60</td><td>10/3.63</td></tr>
<tr><td>内层　根数/直径</td><td>根/mm</td><td>8/3.60</td><td>8/3.65</td></tr>
<tr><td>钢芯层　根数/直径</td><td>根/mm</td><td>6/2.80</td><td>6/2.84</td></tr>
<tr><td rowspan="4">节径比</td><td>外层</td><td>—</td><td>11.0</td><td>11.3</td></tr>
<tr><td>邻外层</td><td>—</td><td>12.1</td><td>12.3</td></tr>
<tr><td>内层</td><td>—</td><td>15.8</td><td>13.3</td></tr>
<tr><td>钢芯层</td><td>—</td><td>19.0</td><td>19.6</td></tr>
<tr><td rowspan="2">绞向</td><td>外层</td><td></td><td>右向</td><td>右向</td></tr>
<tr><td>其他层</td><td></td><td>相邻层绞向应相反</td><td>相邻层绞向应相反</td></tr>
</table>

确定临界跳股张力以 LGJK-400(500)/45-30.00 型导线为例，当张力为 20%RTS，导线经过 20 次滑轮之后，导线表面未出现跳股；当张力为 25%RTS 时，导线在经过 20 次滑轮之后，导线表面出现轻微跳股；当张力为 30%RTS，导线经过 20 次滑轮之后，表面跳股严重；因此可以判断，LGJK-400(500)/45-30.00 型扩径导线的临界跳股张力为 25%RTS。

试验过程中出现跳股过程如图 4-5 所示。

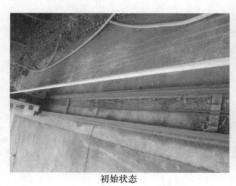
初始状态

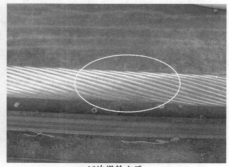
10次滑轮之后

图 4-5 　导线跳股过程（一）

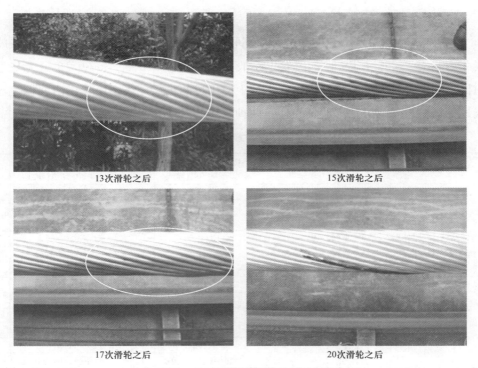

13次滑轮之后 15次滑轮之后

17次滑轮之后 20次滑轮之后

图 4-5　导线跳股过程（二）

　　两种扩径导线现场展放时张力机出口张力为 $16\%RTS$，一般不超过 20% RTS，如图 4-6 所示，试验测得的两种导线临界张力分别为：LGJK-400(500)/45-30.00 导线 $25\%RTS$，LGJK-400(500)/45-30.18 导线 $40\%RTS$。因此可以认为本试验设备、试验条件与试验方法可以模拟现场实际展放条件，能够用于后续的研究工作。

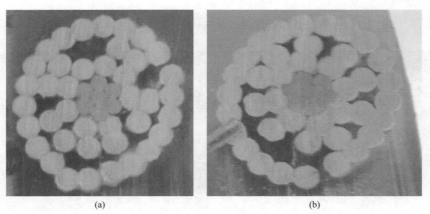

(a) (b)

图 4-6　两种导线临界跳股张力时截面状态

（a）LGJK-400(500)/45-30.00 导线；（b）LGJK-400(500)/45-30.18 导线

三、扩径导线截面稳定性仿真模型

（一）仿真程序单元类型

如何选择正确的单元类型，是一个很重要的问题。单元类型的选择与待解决的问题本身密切相关。有限元程序有多种单元类型，对于每一种单元类型，包含不同的特性和不同的使用条件。

本书在建模时采用 BEAM188 单元，主要是由于 BEAM188 是 3D 梁单元，可以承受拉、压荷载和弯矩，并可以根据需要自定义梁的截面形状。在后续的接触分析中，可以通过设定的接触半径来判断是否发生接触，在计算接触问题时还加入了塑性变形对接触行为的影响。

接触建模时，首先必须清晰地分析出模型中的哪些部分相互接触，如果相互作用的其中之一是一点，模型的对应组元是一个节点；如果相互作用的其中之一是一个面，模型的对应组元是单元。有限元模型通过指定的接触单元来识别可能的接触对，接触单元式覆盖在分析模型接触面之上的一层单元。

本书仿真程序中所建立的扩径导线模型为三维模型，所以目标单元用 TARGE170。同层线股之间属于平行梁外部接触行为，所以同层线股间的接触单元用 CONTA176 采用平行梁接触模型。相邻层线股之间属于交叉梁外部接触行为，所以相邻层线股之间的接触单元用 CONTA176，采用交叉梁接触模型。

CONTA176 可以用来模拟三维梁或管之间的大变形接触，包括一根管在另一根管内部滑动的管接触，相邻两根近似平行梁之间的外部接触（如图 4-7 所示），两根交叉梁之间的外部接触（如图 4-8 所示）等形式。

接触问题的关键在于接触体间的相互关系，此关系又可分为在接触前后的法向关系与切向关系。

法向接触关系通常有两种算法来实现：罚函数法和拉格朗日乘子法。罚函数法是通过接触刚度在接触力与接触面间的穿透值（接触位移）间建立力与位移的线性关系：接触刚度×接触位移＝法向接触力。因此，通常输入 FKN 实常数定义接触体下单元刚度因子，这使得用户可以方便地定义接触刚度了，一般 FKN 取 0.1～1 的值。穿透的大小影响结果的精度。用户可以用 PLESOL、CONT、PENE 来在后处理中查看穿透的数值大小。如果使用的是罚函数法求解接触问题，用户一般需要试用多个 FKN 值进行计算，可以先用一个较小的 FKN 值开

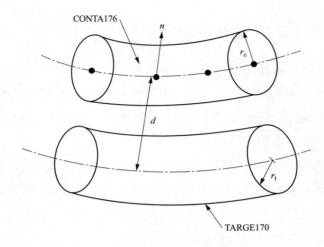

图 4-7　平行梁之间外部接触示意图

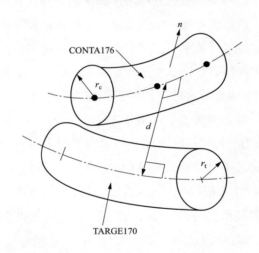

图 4-8　交叉梁之间外部接触示意图

始计算，例如 0.1。因为较小的 FKN 有助于收敛，然后再逐步增加 FKN 值进行一系列计算，最后得到一个满意的穿透值。拉格朗日乘子法与罚函数法不同，不是采用力与位移的关系来求接触力，而是把接触力作为一个独立自由度。因此这里不需要进行迭代，而是在方程里直接求出接触力来。在扩展拉格朗日乘子法里，程序按照罚函数法开始，与纯粹拉格朗日法类似，用 TOLN 来控制最大允许穿透值。如果迭代中发现穿透大于允许的 TOLN 值，则将各个接触单元的接触刚度加上接触力乘以拉格朗日乘子的数值。因此这种扩展拉格朗日法是不停更新接触刚度的罚函数法，这种更新不断重复，直到计算的穿透值小于允许值为止。

切向关系处理即摩擦的处理方法与法向接触类似。由于摩擦是非对称的，使问题变得更为复杂。ANSYS 缺省是做对称求解，即使用对称求解器做近似求解。但是可以改变几个选项强迫做非对称求解。非对称求解更精确，但是计算量大许多[7]。

（二）仿真程序材料模型

本书仿真程序使用了多线性等向强化材料模型，在材料模型中输入了 5 个应力—应变点，模拟适用的应力—应变曲线与试验所得的应力—应变曲线如图 4-9、图 4-10 所示。

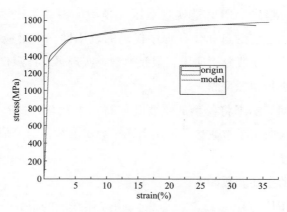

图 4-9　钢芯层钢丝材料曲线

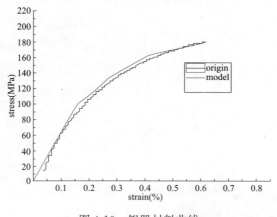

图 4-10　铝股材料曲线

多线性随动强化（Multilinear kinematic Hardening Plasticity）、多线性等向强化（Multilinear Isotropic Hardening Plasticity）属于多线性模型。多线性模型与双线性模型类似，只是使用多条直线段来表示弹塑性材料的本构关系，即认为材料在屈服前应力—应变关系按照弹性模量成比例变化，屈服以后，则按照其位置不同，以不同的、小于弹性模量的另一个模型变化。

多线性随动强化使用多线性来表示应力—应变曲线，模拟随动强化效应，使用 Von Mises 屈服准则，对使用双线性选项（BKIN）不能足够表示应力—应变曲线的小应变分析很有用。多线性等向强化使用多线段来表示使用 Von Mises 屈服准则的等向强化的应力—应变曲线，它适用于比例加载的情况和大应变分析。

（三）参数化模型

APDL 是 ANSYS 为用户提供的一种二次开发的工具，它是 ANSYS 的一种专用解释性语言，借助 APDL 能实现有限元模型的参数化建模、加载、求解和后处理，提高分析过程的自动化和程序代码的重用性。本书应用 APDL 建立了全参数化的扩径导线跳股分析通用有限元模型，实现了对任意已知结构扩径导线的临界跳股张力进行模拟预测[8]。

（1）参数说明。本书将模型的主要几何特征参数化，这是参数化建模的关键。在程序中不仅应用了常数参数，还引入了数组参数，通过应用数组参数使程序更加简洁、易懂。

程序中定义的主要参数如下：

数组 N_WIRE（i）	第 i 层线股的根数
数组 RD（i）	第 i 层线股截面的半径
数组 P（i）	第 i 层线股的截距
数组 SORT（i）	第 1 层到第 i 层线股的总根数
数组 DIRTN（i）	第 i 层线股旋向系数
常数 N_LAYER	导线层数
常数 NE	单根线股单元数目
常数 TL	模型中导线长度
常数 RJ	第 i 层线股中心到导线中心的距离
常数 WIRE_ACCUMULATE	各层线股根数总和
常数 YOUNG	杨氏模量
常数 POISSON	泊松比

（2）建模过程。根据前面定义的数组在 ANSYS 前处理器中创建节点，再把这些节点连接成单元。通过直接创建节点，构建单元的方法，建立有限元模型。

建立导线有限元模型步骤如下：

1）在笛卡尔坐标系下建立中心层导线的（NE＋1 个）节点；

2）将已建立的中层的 NE＋1 个节点连成单元，构成中心层导线有限元模型；

3）在柱坐标系下建立第二层第一根线股的节点；

4）将已建立的第一根线股节点连成单元，构成第二层第一根线股的有限元模型；

5）以第二层第一根线股单元为基础，复制第二层其他线股单元；

6）重复步骤 3)～5)，构建其他层线股单元。

建立型线疏绞型扩径导线有限元模型时，首先需要建立梁单元的型线截面，保存在工作目录下，在建模时调用。

以 LGJK-400(500)/45 导线为例，建模过程如图 4-11 所示。

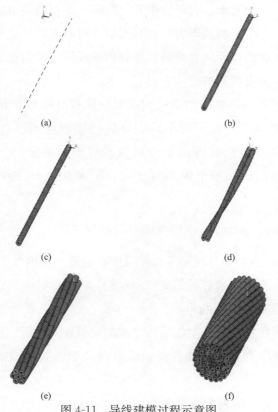

(a)　　　　　　　　　　(b)

(c)　　　　　　　　　　(d)

(e)　　　　　　　　　　(f)

图 4-11　导线建模过程示意图

（a）中心层节点；（b）中心层单元；（c）中心层单元及第二层第一根节点；

（d）中心层单元及第二层第一根单元；（e）中心层及第二层单元；（f）扩径导线单元

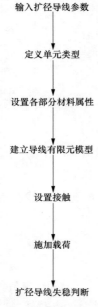

输入扩径导线参数

定义单元类型

设置各部分材料属性

建立导线有限元模型

设置接触

施加载荷

扩径导线失稳判断

图 4-12　扩径导线数值
仿真流程示意图

（3）仿真流程

建立参数化的扩径导线模型，并创建扩径导线失稳判据。扩径导线的数值仿真流程如图 4-12 所示。

（四）跳股机理及失稳判据

扩径导线截面失稳现象主要表现为导线外层的铝股某一根或者是几根鼓出即跳股现象。当导线发生跳股时，鼓出的外层铝股的中心到导线中心的距离与其他未鼓出外层铝股的中心到导线中心的距离存在较大差异。在模拟时可以比较外层相邻两铝股中心到导线中心的距离，当两距离相差较大时就认为发生跳股现象。由于跳股处是不确定的，所以在 ANSYS 后处理中沿导线长度方向比较同一截面内相邻外层铝股中心到导线中心的距离，并将两距离之差除以外层铝股半径的值作为跳股判据值。将两距离之差与外层铝股半径的商作为跳股判据值能够消除外层铝股直径变化对模拟跳股程度的影响。

将所有的相邻外层铝股间的跳股判据值沿模拟导线整个长度的分布统一绘制到一张图上便可直观地显示每根外层导线的跳股倾向或跳股程度。在显示时，由于横坐标是导线长度方向上节点数相对于纵坐标——跳股参考值大很多，所以将纵坐标按比例缩小为 $2/ND \times 0.8$，其中 ND 为导线长度方向上节点数。

根据图 4-13，本书得到扩径导线跳股判据定义为 $\left| \dfrac{R(I) - R(I+1)}{r_{ex}} \right| \geqslant k$，式中，$R(I)$ 为加载变形后最外层第 I 根导线中心到最内层钢丝变形后的中心距离；$R(I+1)$ 为与第 I 根导线相邻的第 $I+1$ 根导线中心到最内层钢丝变形后的中心距离；r_{ex} 为导线最外层铝线的半径；$k \in [0.5, 1]$ 为跳股参考值。因此本书将 $R(I)$ 与 $R(I+1)$ 之差与最外层铝导线半径的比值作为是否出现跳股现象的判断依据，即所谓的跳股判据，当计算得到的数值大于跳股准侧参考值时表示跳股发生。

（五）模拟结果跳股判断曲线图

如图 4-14 中曲线意为扩径导线最外层每一根铝股沿长度方向上每个节点的跳股判据值的分布情况，最上端横线值为 1，中间横线值为 0.5。图中横向为导线长度方向，纵向为跳股判据值［$R(I)$ 与 $R(I+1)$ 之差与最外层铝导线半径的比值］，图中每根曲线代表导线外层每根铝股变形情况。

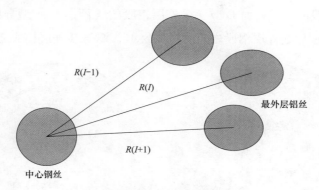

图 4-13　跳股判据示意图

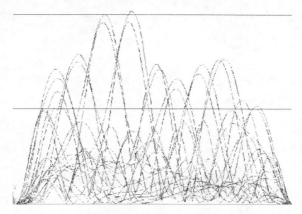

图 4-14　模拟结果跳股判断曲线图

注：图中横向为导线长度方向，纵向为跳股判据值。

将数值模拟结果与试验结果校验对比可得跳股准则的合理经验值为：对于三层铝股扩径导线，跳股准则判定值取 1 较合理；对于四层铝股扩径导线，跳股判定值取 0.5 较合理。

四、扩径导线截面稳定性影响因素

（一）铝股直径对导线截面稳定的影响

本书以 LGJK-400（500）/45-30.00 与 LGJK-400（500）/45-30.18 导线为例，模拟计算铝股直径对导线截面稳定性的影响。

LGJK-400（500）/45-30.0 导线（A 型导线）参数和 LGJK-400（500）/45-

30.18 导线（B 型导线）参数，如表 4-2 所示。内层、邻外层和外层铝股线径不同，如图 4-15 所示。由于 B 型导线内层、邻外层铝股的线径都大于 A 型导线内层、邻外层铝股的线径，而 B 型导线外层铝股的线径小于 A 型导线外层铝股的线径，因此 B 型导线外层铝股之间的间隙大于 A 型导线外层铝股之间的间隙。

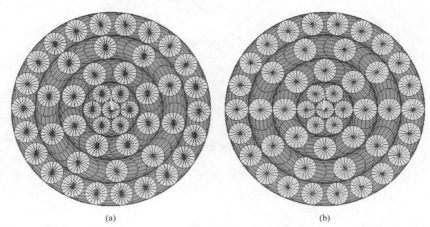

(a)　　　　　　　　　　　　　　　　(b)

图 4-15　LGJK-400(500)/45-30.18 导线和 LGJK-400(500)/45-30.0 导线截面示意图

(a) LGJK-400(500)/45-30.0 导线；(b) LGJK-400(500)/45-30.18 导线

LGJK-400(500)/45-30.18 导线和 LGJK-400(500)/45-30.0 导线主要参数及模拟结果对比如表 4-3 所示。

表 4-3　　　　　　　　　两种导线主要参数及模拟结果对比表

导线型号	内层铝股根数/直径（mm）	邻外层铝股根数/直径（mm）	外层铝股根数/直径（mm）	外层铝股之间间隙	临界跳股张力
LGJK-400(500)/45-30.18	8/3.65	10/3.63	22/3.55	大	39.8%RTS
LGJK-400(500)/45-30.0	8/3.60	10/3.60	22/3.60	小	27.2%RTS

LGJK-400(500)/45-30.18 导线和 LGJK-400(500)/45-30.0 导线跳股临界跳股张力模拟结果如图 4-16 所示。

通过模拟结果可以看出，LGJK-400(500)/45-30.18 导线的临界跳股张力为 39.8%RTS，LGJK-400(500)/45-30.0 导线的临界跳股张力为 27.2%RTS，且 LGJK-400(500)/45-30.0 导线外层大部分线股跳出距离均接近跳股判定值 1，而 LGJK-400(500)/45-30.18 导线外层线股虽然有跳出迹象，但距离判定值较远，因此可以得出 LGJK-400(500)/45-30.18 导线更稳定。

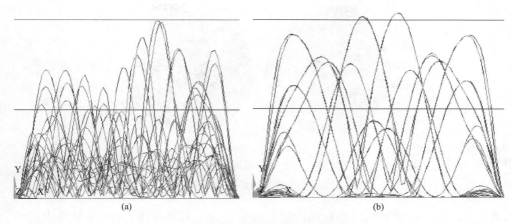

图 4-16 两种导线模拟结果跳股判断曲线图

(a) LGJK-400(500)/45-30.18 导线；(b) LGJK-400(500)/45-30.0 导线

这是因为外层铝股线径减小会导致铝股间间隙增大，而导线外层铝股之间有较大的原始间隙，当导线受挤压缩径后，外层铝股之间还能保持相对较大的间隙，从而提高了导线的稳定性。

通过上述结果可看出，对于上述结构相似的疏绞型扩径导线，采用内层、临内层铝股线径大，外层铝股线径小的铝股变线径设计方案，会使外层铝股间隙增大，提高导线稳定性。

（二）铝股的数量对导线截面稳定性的影响

1. 内层股数的影响

本书共对 LGJK-400(500)/45-30.00 扩径导线（简称为 A 型导线，下同）的四种疏绞方式（A、A1、A2、A3）进行了模拟计算，四种导线的疏绞方式仅在内层和邻内层有所区别，如图 4-17 所示，A 型导线内层和邻内层铝股分别为 8

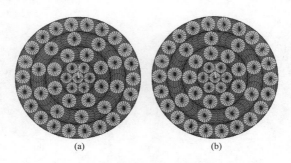

图 4-17 A 类导线截面示意图（一）

(a) A 导线；(b) A1 导线

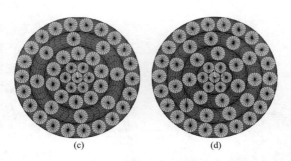

(c)   (d)

图 4-17　A 类导线截面示意图（二）

(c) A2 导线；(d) A3 导线

根和 10 根；A1 型导线内层和邻内层铝股分别为 9 根和 9 根；A2 型导线内层和
邻内层铝股分别为 10 根和 8 根；A3 导线内层和邻内层铝股分别为 7 根和 11 根。
导线 A2 内层铝股最多，导线 A3 内层铝股最少。

　　A 类导线跳股临界跳股张力结果如表 4-4 和图 4-18 所示。

表 4-4　　　　　　　　　四种导线主要参数及模拟结果响应表

	内层铝股根数	邻内层铝股根数	内层铝股比较	临界跳股张力	稳定性比较
A 导线	8	10	中	27.2%RTS	中
A1 导线	9	9	中	27.3%RTS	中
A2 导线	10	8	最多	29.0%RTS	最好
A3 导线	7	11	最少	24.8%RTS	最差

　　由模拟结果可以看出内层铝股最少的 A3 导线临界跳股张力最小约为 24.8%
RTS，内层铝股最多的 A2 导线临界跳股张力最大约为 29.0%RTS。A 导线和 A1 导

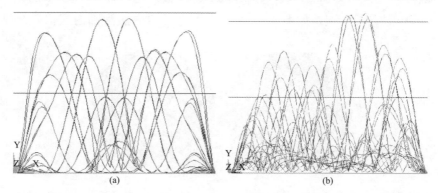

(a)   (b)

图 4-18　LGJK-400(500)/45-30.00 导线模拟结果跳股判断曲线图（一）

(a) 导线 A，27.2%RTS；(b) 导线 A1，27.3%RTS；

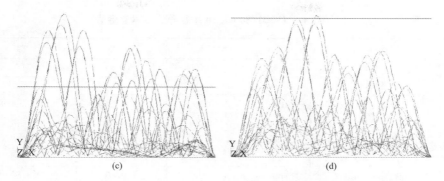

(c)　　　　　　　　　　　　　　　(d)

图 4-18　LGJK-400(500)/45-30.00 导线模拟结果跳股判断曲线图（二）

(c) 导线 A2，29.0%RTS；(d) 导线 A3，24.8%RTS

线内层铝股根数介于 A3 导线和 A2 导线之间，他们的临界跳股张力也介于 A3 导线和 A2 导线之间大约为 27%RTS 左右。因此得出，内层铝股数目对导线稳定性有影响，并且内层铝股越多，导线越稳定，这是因为内部铝股越少，导线受载后，导线内部支撑层铝股窜动越严重，挤压也越严重，致使导线某些部位缩径较多，所以内层铝股越少扩径导线越容易发生跳股。故在对扩径导线进行设计时应尽量不减少内层的铝股。

2. 铝股总数的影响

JLK/G2A-720(950)/80-41.80 导线（S＝720）、JLK/G2A-780(950)/80-41.80 导线（S＝780）和 JLK/G2A-840(950)/80-41.80 导线（S＝840），三种导线的区别在于内层、邻内层和邻外层铝股的根数不同，如图 4-19 和表 4-5 所示。JLK/G2A-720(950)/80-41.80 导线内层、邻内层和邻外层铝股分别为 6 根、11 根和 17 根；JLK/G2A-780(950)/80-41.80 导线内层、邻内层和邻外层铝股分别为 7 根、13 根和 19 根；JLK/G2A-840(950)/80-41.80 导线内层、邻内层和邻外层铝股分别为 8 根、15 根和 21 根。

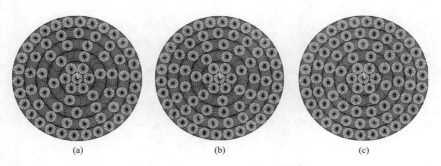

(a)　　　　　　　　　　(b)　　　　　　　　　　(c)

图 4-19　JLK/G2A-S(950)/80-41.80 导线截面示意图

(a) $S＝720$；(b) $S＝780$；(c) $S＝840$

表 4-5 　　　　　 JLK/G2A-S（950）/80-41.80 扩径导线技术参数表

项目		单位	$S=720$	$S=780$	$S=840$
结构	铝单线	根	64	69	74
	镀锌钢线	根	7	7	7
各层线股参数	外层 根数/直径	—/mm	30/3.80	30/3.80	30/3.80
	邻外层 根数/直径	—/mm	17/3.80	19/3.80	21/3.80
	邻内层 根数/直径	—/mm	11/3.80	13/3.80	15/3.80
	内层 根数/直径	—/mm	6/3.80	7/3.80	8/3.80
	钢芯层 根数/直径	—/mm	7/3.80	7/3.80	7/3.80
节径比	外层	—	10～12	10～12	10～12
	邻外层	—	11～13	11～13	11～13
	邻内层	—	12～14	12～14	12～14
	内层	—	13～15	13～15	13～15
	钢芯层	—	18～24	18～24	18～24
绞向	外层	—	右向	右向	右向
	其他层	—	相邻层绞向应相反	相邻层绞向应相反	相邻层绞向应相反

　　JLK/G2A-720（950）/80-41.80 导线、JLK/G2A-780（950）/80-41.80 导线和 JLK/G2A-840(950)/80-41.80 导线跳股临界跳股张力模拟结果如表4-6和图4-20所示。

表 4-6 　　　 JLK/G2A-S(950)/80-41.80 扩径导线主要参数及模拟结果表

截面积	内层铝股根数	邻内层铝股根数	邻外层铝股根数	中间层铝股根数	临界跳股张力
$S=720$	6	11	17	34	11.5%RTS
$S=780$	7	13	19	39	11.8%RTS
$S=840$	8	15	21	44	13.0%RTS

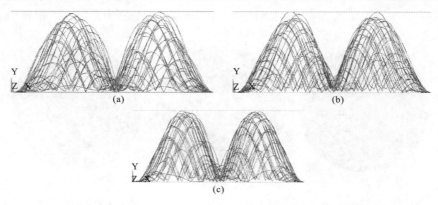

图 4-20　JLK/G2A-S(950)/80-41.80 导线模拟结果跳股判断曲线图
（a）$S=720$，11.5%RTS；（b）$S=780$，11.8%RTS；（c）$S=840$，13.5%RTS

通过模拟结果可以看出，总股数越多，截面越稳定。中间层铝股最多的 JLK/G2A-840（950）/80-41.80 导线临界跳股张力最高，导线最稳定；中间层铝股最少的 JLK/G2A-720（950）/80-41.80 导线临界跳股张力最低，导线相对不稳定。这是因为铝股越多，扩径导线越接近原始导线，结构越稳定。虽然中间层铝股越多导线越稳定，但是也减小了扩径导线的扩径比。

（三）铝股外层间隙对导线截面稳定性的影响

1. JLK/G2A-840（1000）/80-42.82 导线模拟结果

本书针对 JLK/G2A-840（1000）/80-42.82 导线三种不同的疏绞方案，设计了 JLK/G2A-840（1000）/80-42.82 导线、JLK/G2A-840（1000）/80-42.82-1 导线和 JLK/G2A-840（1000）/80-42.82-2 导线，这三种导线的铝股按等径设计，三者按外层铝股之间间隙由小至大排列，在铝股总截面相同的前提下，三者外层铝股数分别为 30、29、28。三种导线参数如表 4-7 和图 4-21 所示。

表 4-7　JLK/G2A-840（1000）/80-42.82、JLK/G2A-840（1000）/80-42.82-1 和 JLK/G2A-840（1000）/80-42.82-2 扩径导线技术参数表

项目		单位	JLK/G2A-840 (1000)/80-42.82	JLK/G2A-840 (1000)/80-42.82-1	JLK/G2A-840 (1000)/80-42.82-2
结构	铝单线	根	70	70	70
	镀锌钢线	根	19	19	19
各层线股参数	外层　根数/直径	—/mm	30/3.89	29/3.89	28/3.89
	邻外层　根数/直径	—/mm	17/3.89	18/3.89	19/3.89
	邻内层　根数/直径	—/mm	12/3.90	12/3.90	12/3.90
	内层　根数/直径	—/mm	11/3.91	11/3.91	11/3.91
	钢芯层　根数/直径	—/mm	19/2.34	19/2.34	19/2.34
节径比	外层	—	10.6	10.6	10.6
	邻外层	—	12.7	12.7	12.7
	邻内层	—	13.8	13.8	13.8
	内层	—	14.9	14.9	14.9
	12 根层钢芯层	—	16.3	16.3	16.3
	6 根层钢芯层	—	21.9	21.9	21.9
绞向	外层	—	右向	右向	右向
	其他层	—	相邻层绞向应相反	相邻层绞向应相反	相邻层绞向应相反

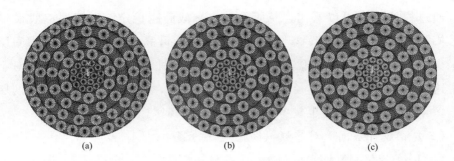

(a)   (b)   (c)

图 4-21　JLK/G2A-840(1000)/80-42.82 导线截面示意图

(a) JLK-G2A-840(1000)/80-42.82；(b) JLK-G2A-840(1000)/80-42.82-1；(c) JLK-G2A-840(1000)/80-42.82-2

模拟结果表明，JLK/G2A-840(1000)/80-42.82 导线在最外层少绞一根铝股之后，临界跳股张力由 13.8%RTS 增大到 27.0%RTS，而 JLK/G2A-840(1000)/80-42.82 导线在最外层少绞两根铝股之后，临界跳股张力增大到 51.0%RTS，导线的结构稳定性提高了很多，结果如图 4-22 和表 4-8 所示。

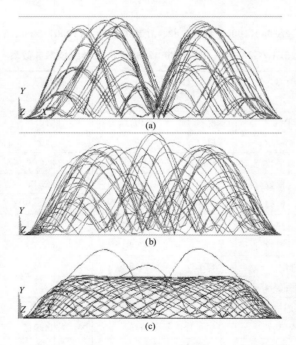

图 4-22　JLK/G2A-840(1000)/80-42.82、JLK/G2A-840(1000)/80-42.82-1 和

JLK/G2A-840(1000)/80-42.82-2 导线模拟结果跳股判断曲线图

(a) 导线 JLK/G2A-840(1000)/80-42.82，13.8%RTS；(b) 导线 JLK/G2A-840(1000)/80-42.82-1，27.0%RTS；

(c) 导线 JLK/G2A-840(1000)/80-42.82-2，51.0%RTS

表 4-8　　JLK/G2A-840(1000)/80-42.82、JLK/G2A-840(1000)/80-42.82-1 和

JLK/G2A-840(1000)/80-42.82-2 导线模拟结果表

导线型号	外层铝股根数	外层铝股之间间隙	临界跳股张力
JLK/G2A-840（1000）/80-42.82	30	最小	13.8%RTS
JLK/G2A-840（1000）/80-42.82-1	29	中	27.0%RTS
JLK/G2A-840（1000）/80-42.82-2	28	最大	51.0%RTS

2. JLK/G2A-870(1000)/80-42.82 型导线模拟结果

本书针对 JLK/G2A-870(1000)/80-42.82 导线三种不同的疏绞方案，设计了 JLK/G2A-870(1000)/80-42.82 导线、JLK/G2A-870(1000)/80-42.82-1 导线和 JLK/G2A-870(1000)/80-42.82-2 导线，这三种导线的铝股按等径设计，三者按外层铝股之间间隙由小至大排列，在铝股总截面相同的前提下，三者外层铝股数分别为 30、29、28。三种导线参数如表 4-9 和图 4-23 所示。

表 4-9　　JLK/G2A-870(1000)/80-42.82、JLK/G2A-870(1000)/80-42.82-1 和

JLK/G2A-870(1000)/80-42.82-2 扩径导线技术参数表

项目		单位	JLK/G2A-870 (1000)/80-42.82	JLK/G2A-870 (1000)/80-42.82-1	JLK/G2A-870 (1000)/80-42.82-2
结构	铝单线	根	73	73	73
	镀锌钢线	根	19	19	19
各层线股参数	外层　根数/直径	—/mm	30/3.89	29/3.89	28/3.89
	邻外层　根数/直径	—/mm	17/3.89	18/3.89	19/3.89
	邻内层　根数/直径	—/mm	14/3.90	14/3.90	14/3.90
	内层　根数/直径	—/mm	12/3.91	12/3.91	12/3.91
	钢芯层　根数/直径	—/mm	19/2.34	19/2.34	19/2.34
节径比	外层	—	10.6	10.6	10.6
	邻外层	—	12.7	12.7	12.7
	邻内层	—	13.8	13.8	13.8
	内层	—	14.9	14.9	14.9
	12 根层钢芯层	—	16.3	16.3	16.3
	6 根层钢芯层		21.9	21.9	21.9
绞向	外层	—	右向	右向	右向
	其他层	—	相邻层绞向应相反	相邻层绞向应相反	相邻层绞向应相反

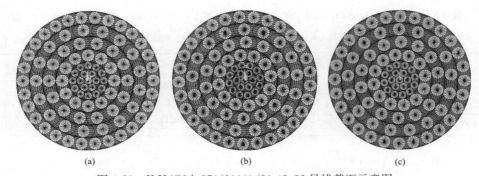

(a)   (b)   (c)

图 4-23   JLK/G2A-870(1000)/80-42.82 导线截面示意图

(a) JLK/G2A-870(1000)80-42.82；(b) JLK/G2A-870(1000)80-42.82-1；

(c) JLK/G2A-870(1000)80-42.82-2

模拟结果表明，JLK/G2A-870(1000)/80-42.82 导线在最外层少绞一根铝股之后，临界跳股张力由 15.7％ RTS 增大到 29.8％ RTS，而 JLK/G2A-870 (1000)/80-42.82 导线在最外层抽出两根铝股之后，临界跳股张力增大到 52.6％ RTS，导线的结构稳定性提高了很多，仿真计算结果如图 4-24 和表 4-10 所示。

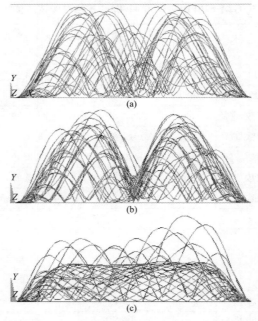

图 4-24   JLK/G2A-870(1000)/80-42.82、JLK/G2A-870(1000)/80-42.82-1 和

JLK/G2A-870 (1000)/80-42.82-2 导线模拟结果跳股判断曲线图

(a) 导线 JLK/G2A-870(1000)/80-42.82，15.7％RTS；(b) 导线 JLK/G2A-870(1000)/80-42.82-1，

29.8％RTS；(c) 导线 JLK/G2A-870(1000)/80-42.82-2，52.6％RTS

表 4-10　　JLK/G2A-870(1000)/80-42.82、JLK/G2A-870(1000)/80-42.82-1 和 JLK/G2A-870(1000)/80-42.82-2 导线模拟结果表

导线型号	外层铝股根数	外层铝股之间间隙	临界跳股张力
JLK/G2A-870(1000)/80-42.82	30	最小	15.7%RTS
JLK/G2A-870(1000)/80-42.82-1	29	中	29.8%RTS
JLK/G2A-870(1000)/80-42.82-2	28	最大	52.6%RTS

综上所述，增加外层铝股之间的间隙可以有效地提高临界跳股张力，提高导线的稳定性。

（四）型线铝股对导线截面稳定性的影响

JLXK/G2A-680(720)/50-36.61 扩径导线中心两层为镀锌钢绞线，内层铝股、邻内层铝股和邻外层铝股为梯形截面，外层铝股为圆截面，导线主要技术参数如表 4-11 和图 4-25 所示。

表 4-11　　　　JLXK/G2A-680(720)/50-36.61 扩径导线参数表

项目		单位	JLXK/G2A-680(720)/50-36.61 导线
结构	铝单线	根	48
	镀锌钢线	根	7
各层线股参数	外层	根数/直径	—/mm	22/4.38
	邻外层	根数/直径	—/mm	10/4.19
	邻内层	根数/直径	—/mm	8/4.19
	内层	根数/直径	—/mm	8/4.19
	钢芯层	根数/直径	—/mm	7/3.00
节径比	外层	—	10～14
	邻外层	—	10～16
	邻内层	—	10～16
	内层	—	10～16
	钢芯层	—	16～26
绞向	外层	—	右向
	其他层	—	相邻层绞向应相反

通过计算得到 JLXK/G2A-680(720)/50-36.61 导线临界跳股张力为 32.5% RTS，模拟结果如图 4-26 所示。

通过模拟结果可以得出，JLXK/G2A-680(720)/50-36.61 型线扩径导线结构稳定。这是因为圆线疏绞型扩径导线相邻层铝股之间为线接触，型线疏绞型扩径

导线内部支撑层铝股之间的接触变为面接触，导致相邻层铝股之间压痕较圆线扩径导线铝股间压痕浅，缩径不严重，外层铝股之间间隙减少相对较少，因此型线疏绞型扩径导线较圆线疏绞型扩径导线要稳定。

图 4-25　JLXK/G2A-680(720)/50-36.61
扩径导线截面示意图

图 4-26　JLXK/G2A-680(720)/50-36.61
导线模拟结果跳股判断曲线图

（五）结构优化方向

综上所述，为获得稳定的扩径导线结构，应遵循如下原则：

（1）铝股总数越接近原型导线，截面越稳定。

（2）保证外层铝股之间有足够大的初始间隙。

以 JLK/G2A-870(1000)/80-42.82 导线仿真计算结果为例，计算得到的导线临界跳股张力为 15.7%RTS；外层少绞一根之后，外层铝股间的间隙增大，临界跳股张力增大到 29.8%RTS；外层少绞两根之后，外层铝股间隙再次增大，临界跳股张力再次增大到 52.6%RTS。可见增大外层铝股间原始间隙可以有效地提高扩径导线截面稳定性。

（3）增加内层支撑铝股的根数。

以 LGJK-400(500)/45-30.00 扩径导线的四种疏绞方式（A、A1、A2、A3）计算结果为例，四种导线的疏绞方式仅在内层和邻内层有所区别，A 型导线内层和邻内层铝股分别为 8 根和 10 根；A1 型导线内层和邻内层铝股分别为 9 根和 9 根；A2 型导线内层和邻内层铝股分别为 10 根和 8 根；A3 导线内层和邻内层铝股分别为 7 根和 11 根。导线 A2 内层铝股最多，导线 A3 内层铝股最少。四种导线临界跳股张力分别为 27.2%RTS、27.3%RTS、29.0%RTS、24.8%RTS，可见内层铝股越多导线越稳定。

（4）中间疏绞层采用型线结构。

以 JLXK/G2A-680(720)/50-36.61 导线仿真计算结果为例，可见型线疏绞型扩径导线结构跳股临界张力较高，导线较稳定。

第二节　扩径导线的系列化

扩径导线类型很多，结构差异较大，目前我国输电线路用得较多的是疏绞型钢芯铝绞线。从理论上讲扩径导线的设计是根据输送容量确定导线截面，根据电磁环境控制指标确定导线外径，在此基础上再考虑导线扩径方式，设计扩径导线的结构，然后通过仿真计算和试验去验证导线结构的稳定性，结构稳定的扩径导线才能进入工程应用。但是随着工程建设数量的增多，针对某一工程专门设计扩径导线虽然针对性强，但是设计院不掌握扩径导线的设计技术，所以有必要进行扩径导线系列化研究，制定扩径导线系列化规格、型号，以便工程选型时使用。

本书以疏绞型扩径导线为研究对象，对已建工程进行总结，利用中国电力科学研究院有限公司编译的扩径导线结构稳定性计算软件对多个已建工程所用扩径导线进行结构稳定性计算，研究相同扩径比下导线结构稳定的最大直径，或相同外径下导线结构稳定的最大扩径比，得到不同扩径比条件下扩径导线经济与结构稳定的阶梯图。从而实现疏绞型扩径钢芯铝绞线的系列化，便于今后工程导线选型。

一、常用扩径导线

由于载流量不同，扩径导线外径有所不同，电压等级越高则导线截面积、外径越大。不同电压等级扩径导线存在交叉使用，常用的扩径导线见表 4-12。

表 4-12　　　　　　　　　　常用扩径导线系列

电压等级（kV）	导线型号	外径（mm）	备注
330	JLK/G2A-310/50-42/7-27.6	27.63	
	JLK/G2A-400/45-40/7-30.0	30.03	
	JLK/G2A-530/45-38/7-33.7	33.75	
	JLK/G2A-630/45-38/7-36.3	36.33	
750	JLK/G2A-310/50-42/7-27.6	27.63	
	JLK/G2A-400/45-40/7-30.0	30.03	
	JLK/G2A-530/45-38/7-33.7	33.75	
1000kV	JLK/G2A-400/45-40/7-30.0	30.03	
	JLK/G2A-530/45-38/7-33.7	33.75	
	JLK/G1A-725/40-58/7-39.9	39.90	跳线用

二、表征扩径导线特点的参数

（一）扩径比

由于导线直径不能表征扩径导线的截面特性，因此提出扩径比（expanding diameter ratio）的概念。扩径比指扩径后导线直径对应的圆线同心绞架空导线的标称铝截面积与扩径导线的标称铝截面积之比。此参数可以表征扩径效果及截面积的填充率。

计算表明，疏绞型扩径导线 310K400 的扩径比为 1.29，400K500 的扩径比为 1.20，630K720 的扩径比为 1.14，工程实践证明其结构是稳定的；但是 630K800 的扩径比为 1.27，720K900 的扩径比为 1.25，试验显示这 2 种结构都是不稳定的。由此可见扩径比不能表征扩径导线的截面稳定性。

（二）临界跳股张力

通过大量的试验和分析，提出临界跳股张力（critical tension for strand jumping）的概念。临界跳股张力是指对扩径导线施加纵向荷载时，扩径导线外层铝股发生跳股时的张力值。

本书给出的扩径导线临界跳股张力均由中国电科院研发的"中国电科院扩径导线截面稳定性计算软件 V1.0"（软著登字第 0648916 号）计算得出。

三、临界跳股判定条件

为确定扩径导线临界跳股判定条件，本书对 JLK/G2A-300(400)/50-41/7 与 JLK/G2A-310(400)/50-42/7 两种常用扩径导线进行了分析与仿真计算，两种扩径导线的临界跳股张力如表 4-13 所示。

表 4-13　　　　　　　　　两种导线的临界跳股张力

标称截面	单线根数				单线直径（mm）				临界跳股张力
铝/钢	铝外层	铝中层	铝内层	钢	铝外层	铝中层	铝内层	钢	（%RTS）
310(400)/50	24	10	8	7		3.07		3.07	27.6
300(400)/50	24	9	8	7					23.7

由计算结果可知，JLK/G2A-310(400)/50-42/7 导线的临界跳股张力优于 JLK/G2A-300(400)/50-41/7 导线的临界跳股张力，工程实践也证明了这点。由此可见扩径导线的临界跳股张力在 23.7%～27.6%RTS 存在一个分界点，可以

作为判断一种扩径导线结构稳定性的标准。根据两种导线计算与现场展放的结果，可以将临界跳股张力不小于25%RTS作为扩径导线铝单线不跳股的判定条件。

四、扩径导线系列化

1. 直径为30mm的扩径导线

根据第一节中得出的扩径导线结构优化方向原则，对直径为30mm的钢芯铝绞线JL/G2A-500/45-48/7进行结构设计，改变扩径导线铝中层和铝内层单线根数，各结构计算结果如表4-14所示。

表4-14 扩500导线计算结果

代号	铝单线根数			临界跳股张力（%RTS）	扩径比
	铝外层	铝中层	铝内层		
原导线	22	16	10	—	—
400（500）/45	22	8	10	28.2	1.25
390（500）/45	22	8	9	26.4	1.29
380（500）/45	22	7	8	24.8	1.32

由表4-15中计算结果可知，对于直径为30mm的扩径导线，导电截面为390mm² 以上时，扩径导线临界跳股张力不小于25%RTS，满足铝单线不跳股判定条件，达到结构稳定的效果。对于直径为30mm的扩径导线，结构稳定的最大扩径比为1.29。

2. 直径为33.75mm扩径导线

根据第一节中得出的扩径导线结构优化方向原则，对直径为33.75mm的钢芯铝绞线JL/G2A-630/45-45/7进行结构设计，改变扩径导线铝中层和铝内层单线根数，各结构计算结果如表4-15所示。

表4-15 扩630导线计算结果

标称截面 铝/钢	单线根数				单线直径（mm）				临界跳股张力（%RTS）	扩径比
	铝外层	铝中层	铝内层	钢	铝外层	铝中层	铝内层	钢		
原导线	21	15	9	7					—	—
530（630）/45	21	8	9	7					35.0	1.19
	21	9	8	7	4.22			2.81	32.3	1.19
500（630）/45	21	7	8	7					28.7	1.25
490（630）/45	21	6	8	7					25.8	1.29

由表 4-15 可知，对于直径为 33.75mm 的扩径导线，导电截面为 490mm² 以上时，扩径导线临界跳股张力不小于 25%RTS，满足铝单线不跳股判定条件，达到结构稳定的效果。对于直径为 33.75mm 的扩径导线，结构稳定的最大扩径比为 1.29。

3. 直径为 36.24mm 扩径导线

根据第一节中得出的扩径导线结构优化方向原则，对直径为 36.24mm 的钢芯铝绞线 JL/G2A-720/50-45/7 进行结构设计，改变扩径导线铝中层和铝内层单线根数，各结构计算结果如表 4-16 所示。

表 4-16　　　　　　　　　　　　扩 720 导线计算结果

标称截面	单线根数				单线直径（mm）				临界跳股张力（%RTS）	扩径比
铝/钢	铝外层	铝中层	铝内层	钢	铝外层	铝中层	铝内层	钢		
原导线	21	15	9	7					—	—
630（720）/50	21	8	9	7					34.3	1.14
	21	9	8	7	4.53			3.02	32.1	1.14
600（720）/50	21	7	8	7					28.5	1.20
580（720）/50	21	6	8	7					25.6	1.25

由表 4-16 可知，对于直径为 36.24mm 的扩径导线，导电截面积为 580mm² 以上时，扩径导线临界跳股张力不小于 25%RTS，满足铝单线不跳股判定条件，达到结构稳定的效果。对于直径为 36.24mm 的扩径导线，结构稳定的最大扩径比为 1.25。

综上所述，本书最终规划了 1.14、1.20、1.25 及 1.29 四种扩径比，并对各扩径比下的导线绘制了经济性与安全性的阶梯表[9]，如表 4-17 所示。

表 4-17　　　　　　　各扩径比下的导线经济性与安全性

扩径比	1.29	1.25	1.20	1.14
各直径下结构稳定的规格	**310 扩 400**	320 扩 400	335 扩 400	350 扩 400
	390 扩 500	**400 扩 500**	415 扩 500	440 扩 500
	490 扩 630	500 扩 630	**530 扩 630**	550 扩 630
	—	580 扩 720	600 扩 720	**630 扩 720**

如表 4-17 所示，带下划线的部分为该外径下较经济的导线选型结果，加粗的导线规格为目前线路工程使用较多的扩径导线，由表 4-17 可知，目前工程上使用的扩径导线选型偏重结构稳定性，较为安全。

结合上述研究成果，本书完成了不同扩径比的圆线疏绞型扩径钢芯铝绞线和外层圆线、支撑层型线的疏绞型扩径钢芯铝绞线的系列化，相关参数见附录 A。

第五章 扩径导线应用特点

第一节 疏绞型扩径导线弧垂特性

疏绞型扩径导线的结构与常规钢芯铝绞线有明显差别，但此差异未对导线弧垂特性产生影响，若疏绞型扩径导线的弧垂特性符合悬链线公式，可以沿用以往的公式，易于开展疏绞型扩径导线的工程运用。本节通过 JLK/G2A-630（720）/45 型圆线疏绞型扩径导线张力弧垂试验，验证疏绞型扩径导线的弧垂特性。

一、"悬链线"假定

架空导线弧垂，一般采用悬链线公式进行计算，为了方便计算，悬链线公式应对导线进行一定假设。架空输电线路导线，由于两悬挂点间距离很大，导线的刚性对其悬挂在空中的几何形状影响很小，一般将其假定为一根处处铰接的柔软链条。根据这一假定得出的结论是：导线仅能承受轴向张力而不能承受弯曲力矩，另一个假定是导线上作用载荷（包括本身质量）均指向同一方向且沿电线长度均匀分布。这就是"悬链线"假定，由此导出的所有计算式均称为"悬链线公式"。

悬链线方程一般有平抛物线、斜抛物线和双曲线三种形式，由于试验挡距是两端等高，计算最大弧垂时平抛物线与斜抛物线计算公式相同，见式（5-1），双曲线方程见式（5-2）。

$$f_{\mathrm{m}} = \frac{\gamma l}{8\sigma} \tag{5-1}$$

$$f_{\mathrm{m}} = \frac{\sigma}{\gamma} \cosh\left(\frac{\gamma x}{8\sigma} - 1\right) \tag{5-2}$$

式中 f_{m}——最大弧垂，m；

l——挡距，m；

γ——比载，单位长度、单位截面上作用的张力，N/mm² · m；

σ——应力，单位截面上作用的张力，N/mm²；

x——横坐标，试验挡距为挡距的 1/2，m。

二、试验设备及参数

圆线疏绞型扩径导线张力弧垂试验在中国电力科学研究院输变电工程力学研究所导线金具研究室分裂导线防振试验室进行，试验有效挡距 140m。测试样品为 JLK/G2A-630（720）/45 圆线疏绞型扩径导线，主要技术参数见表 5-1，结构图见图 5-1。试验利用液压设备进行加载，以调节试验张力。利用标尺对导线弧垂进行测量，测量点在试验挡中央处（试验挡两端无高差中央处即为导线最大弧垂）。试验布置情况见图 5-2，试验时导线在档内情况见图 5-3，滑轮见图 5-4，力传感器及导线锚头情况见图 5-5。

表 5-1　　　　　　　　　JLK/G2A-630（720）/45 扩径导线

项目		单位	产品参数
外观及表面质量			绞线表面无肉眼可见的缺陷，如明显的压痕、划痕等，无与良好产品不相称的任何缺陷
结构	铝外层（股数/直径）	根/mm	21/4.53
	铝中层（股数/直径）	根/mm	9/4.71
	铝内层（股数/直径）	根/mm	8/4.71
	钢线（股数/直径）	根/mm	7/2.80
计算截面积	合计	mm²	677.76
	铝	mm²	634.66
	钢	mm²	43.1
钢比（100%）			6.8
外径		mm	36.30
单位长度质量		kg/km	2090
拉力/重量		km	7.80
20℃时直流电阻		Ω/km	≤0.04542
额定拉断力		kN	≥159.9
弹性模量		GPa	63.6
线膨胀系数		1/℃	20.8×10⁻⁶

三、试验结果

试验记录数据后，将记录的数据与理论计算的数值进行分析比较，具体数据见表 5-2。

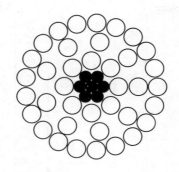

图 5-1　JLK/G2A-630（720）/45 扩径导线截面结构图

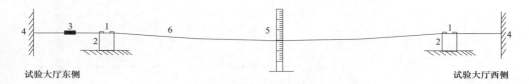

图 5-2　试验布置图

1—墩块；2—滑轮；3—拉力传感器；4—固定端；5—标尺；6—试验导线

图 5-3　试验现场

图 5-4　滑轮

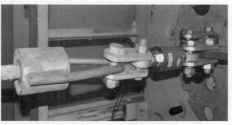

图 5-5　传感器安装及导线锚头

表 5-2

张 力 弧 垂 试 验 数 据

序号	试验情况 张力 (N)	JLK/G2A-630(720)/945 弧垂 (m)				试验数据分析							
		抛物线计算值 A	双曲线计算值 B	试验值1 C	试验值2 D	A_n-A_{n+1} (代号 a)	B_n-B_{n+1} (代号 b)	C_n-C_{n+1} (代号 c)	D_n-D_{n+1} (代号 d)	$a-c$	$a-d$	$b-c$	$b-d$
1	19900	2.524	2.523	2.522	2.525	—	—	—	—	—	—	—	—
2	25200	1.993	1.992	1.995	1.994	0.531	0.531	0.527	0.531	0.004	0	0.004	0
3	28100	1.788	1.786	1.794	1.793	0.205	0.206	0.201	0.201	0.004	0.004	0.005	0.005
4	30000	1.674	1.673	1.687	1.685	0.114	0.113	0.107	0.108	0.007	0.006	0.006	0.005
5	33000	1.522	1.521	1.529	1.536	0.152	0.152	0.158	0.149	−0.006	0.003	−0.006	0.003
6	35000	1.435	1.434	1.446	1.445	0.087	0.087	0.083	0.091	0.004	−0.004	0.004	−0.004
7	40000	1.256	1.255	1.270	1.269	0.179	0.179	0.176	0.176	0.003	0.003	0.003	0.003
8	45200	1.111	1.110	1.128	1.126	0.145	0.145	0.142	0.143	0.003	0.002	0.003	0.002
9	49900	1.007	1.006	1.027	1.027	0.104	0.104	0.101	0.099	0.003	0.005	0.003	0.005
10	55000	0.913	0.912	0.937	0.936	0.094	0.094	0.09	0.091	0.004	0.003	0.004	0.003
11	60100	0.836	0.835	0.858	0.858	0.077	0.077	0.079	0.078	−0.002	−0.001	−0.002	−0.001
12	65000	0.773	0.772	0.797	0.797	0.063	0.063	0.061	0.061	0.002	0.002	0.002	0.002

根据表 5-2 中数据，绘制按抛物线公式计算最大弧垂值、按双曲线公式计算最大弧垂值与最大弧垂试验值 1、最大弧垂试验值 2，在不同张力工况下的柱状对比图，如图 5-6～图 5-9 所示。

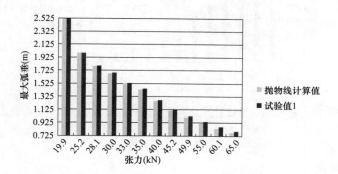

图 5-6 按抛物线公式计算最大弧垂值与最大弧垂试验值 1 对比图

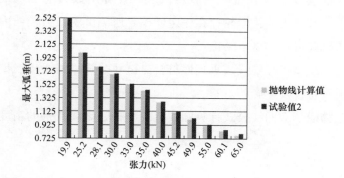

图 5-7 按抛物线公式计算最大弧垂值与最大弧垂试验值 2 对比图

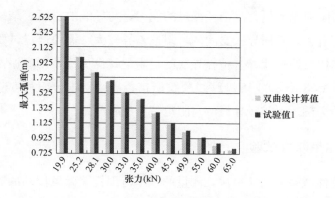

图 5-8 按双曲线公式计算最大弧垂值与最大弧垂试验值 1 对比图

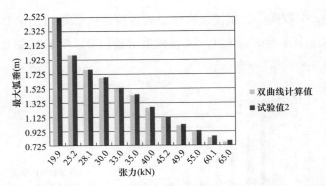

图 5-9 按双曲线公式计算最大弧垂值与最大弧垂试验值 2 对比图

四、结论

从表 5-2 及图 5-6～图 5-9 可看出，圆线疏绞型扩径导线 JLK/G2A-630 (720)/45 张力弧垂试验变化情况与悬链线公式计算出数据基本一致，试验数据较计算值略大。其原因为：滑轮存在一定摩擦，所测试验张力较档内实际张力略大。通过本次试验可得出以下结论：

（1）圆线疏绞型扩径导线弧垂特性符合悬链线公式，圆线疏绞型扩径导线的结构未对其弧垂特性发生影响。

（2）用抛物线和双曲线公式计算圆线疏绞型扩径导线弧垂的精度可满足其工程运用需要。

第二节　扩径导线自阻尼特性

导线的自阻尼是衡量自身消耗能量的能力，与导线的材料、结构、绞合紧密程度、张力等有关，不同导线之间的自阻尼差异较大，需要通过试验测定。与同外径普通钢芯铝绞线相比，若扩径导线的自阻尼特性更优，则耐振性能更好。本节以 JLK/G1A-530(630)/45 型圆线疏绞型扩径导线（本节简称 530K630）的自阻尼特性试验为例，对扩径导线的自阻尼特性进行介绍。

一、自阻尼特性试验

自阻尼特性试验采用功率法，测量的频率范围覆盖微风振动的频率范围，自阻尼特性试验示意图如图 5-10 所示。

图 5-10 导线自阻尼特性试验示意图

1—固定墩块；2—振动台；3—被测导线；4—调长装置；5—拉力传感器

试验时将被测导线按所需的张力架设在试验挡上，两端通过压板固定在重型墩块上，以电动振动台作为振源，用特定频率激振导线，待振动稳定后，测量激振力、激振速度、激振功率、导线波腹振幅以及线夹出口处的动弯应变。最终，通过对试验数据的拟合，得出导线自阻尼的解析表达式如式（5-3）所示

$$P_c = \Phi(f, Y) = 10^\beta (Y/D)^\alpha \qquad (5\text{-}3)$$

式中 α、β——拟合系数；

f——导线振动频率，Hz；

D——导线外径，mm；

Y——导线波腹双振幅，mm。

为了直观地表达导线的阻尼特性，通常根据导线自阻尼表达式绘制出导线的自阻尼功率特性曲线及频响特性曲线。功率特性曲线为对数坐标系下的针对不同振动频率的一组直线，每一条直线均反映对应振动频率下导线相对振幅和导线耗能功率之间的关系；频响特性曲线反映的是不同振动频率下导线线夹出口处的动弯应变大小。这两类曲线基本反映了导线的自阻尼特性。

二、530K630 型导线自阻尼试验结果

为加强比较，本书选取 A、B 两个供应商生产的 530K630 型扩径导线进行 20%RTS、25%RTS、30%RTS 三个张力条件下的自阻尼特性试验。按导线自阻尼试验的要求，将 530K630 导线架设在试验挡上，通过对试验数据的拟合得出导线自阻尼解析表达式如式（5-3）所示。其中，α、β 两个参数的表达式如表 5-3 所示。

表 5-3 530K630 型导线自阻尼系数 α、β 的表达式

供应商	试验张力	α 表达式	β 表达式
A	20%RTS	$2.309902 + 0.005725\ f$	$-0.008425 + 0.154848\ f - 0.001087\ f^2$
	25%RTS	$2.199017 + 0.004481\ f$	$-0.020903 + 0.137161\ f - 0.000847\ f^2$
	30%RTS	$2.235502 + 0.005511\ f$	$-0.010510 + 0.139742\ f - 0.000912\ f^2$
B	20%RTS	$2.978192 - 0.006058\ f$	$0.004653 + 0.169155\ f - 0.001320\ f^2$
	25%RTS	$2.737031 - 0.000432\ f$	$-0.007067 + 0.150647\ f - 0.001048\ f^2$
	30%RTS	$2.683356 + 0.002501\ f$	$0.002872 + 0.153912\ f - 0.001056\ f^2$

根据上式计算得出的导线自阻尼功率特性曲线见图 5-11～图 5-16。

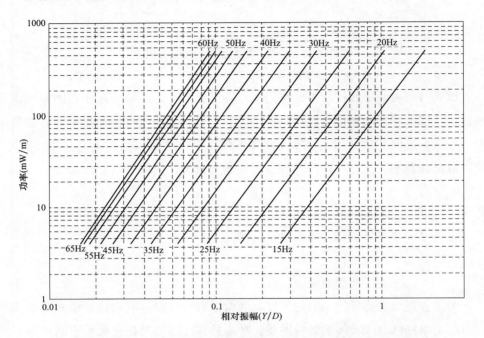

图 5-11　530K630 导线自阻尼功率特性曲线（供应商 A，20％RTS）

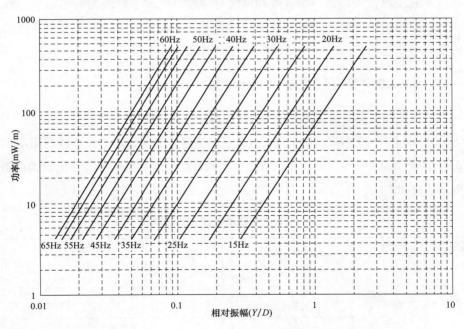

图 5-12　530K630 导线自阻尼功率特性曲线（供应商 A，25％RTS）

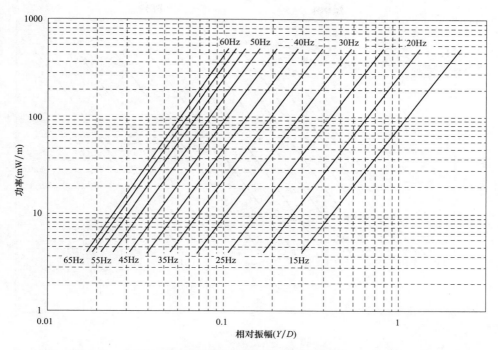

图 5-13　530K630 导线自阻尼功率特性曲线（供应商 A，30％RTS）

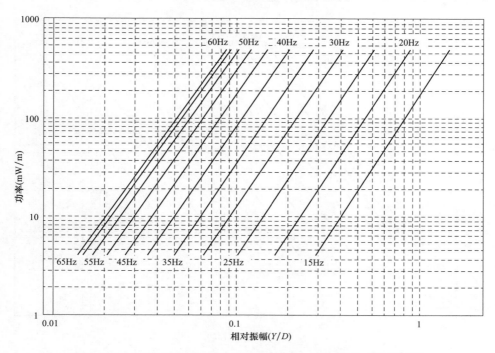

图 5-14　530K630 导线自阻尼功率特性曲线（供应商 B，20％RTS）

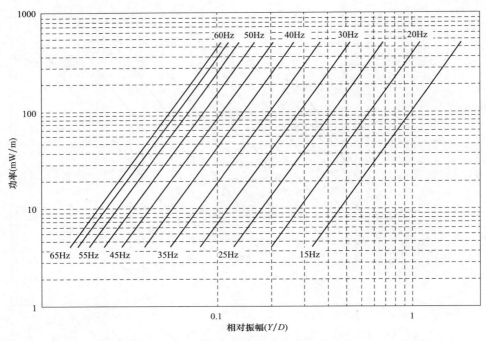

图 5-15　530K630 导线自阻尼功率特性曲线（供应商 B，25％RTS）

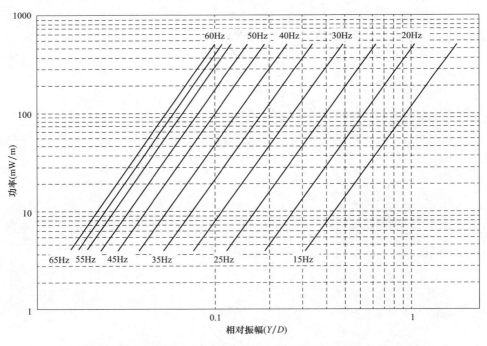

图 5-16　530K630 导线自阻尼功率特性曲线（供应商 B，30％RTS）

根据扩径导线自阻尼试验结果，得到无防振方案时导线悬垂（耐张）线夹出口动弯应变与导线振动频率的关系（频响特性）。将来自2个供应商的三个张力条件下样品的试验结果分别绘制于同一坐标系中，分别见图 5-17、图 5-18。

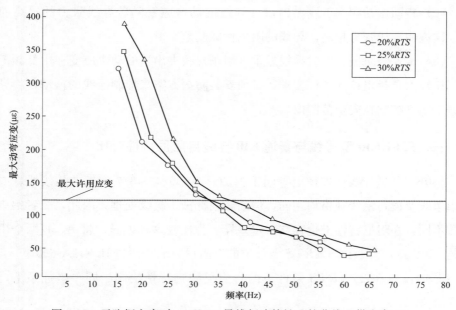

图 5-17　无防振方案时 530K630 导线频响特性比较曲线（供应商 A）

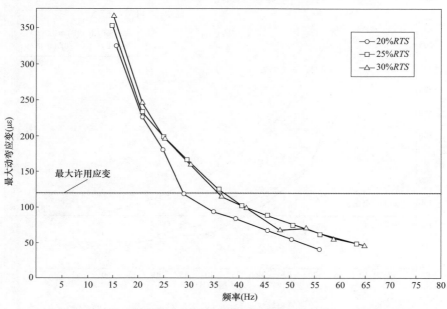

图 5-18　无防振方案时 530K630 导线频响特性比较曲线（供应商 B）

从以上试验数据中可得：

（1）在每种张力条件下，随着导线振动频率的提高，线夹出口处导线的动弯应变呈减小趋势，说明导线振动频率越高，其阻尼性能也越好。

（2）相同振动频率下线夹出口处导线的动弯应变随着导线张力的提高而增大。这说明导线张力越高，导线的阻尼性能越差。

（3）未安装防振方案时导线悬垂（耐张）线夹出口的动弯应变在中低频范围内都比较大，超出技术条件要求，必须安装防振方案来抑制导线的振动，将导线的振动水平控制在安全范围内。

三、530K630 型导线与普通 630 导线自阻尼特性对比

530K630 型导线在外径上等同于 JL/G1A-630/45-45/7 型钢芯铝绞线，二者的铝单线及镀锌钢线规格均相同，但前者内部做了疏绞处理，因此，二者铝单线股数不同，在阻尼特性上也存在一定差异。为比较这种差异，将 A、B 两个供应商的 530K630 导线在 25%RTS 条件下的自阻尼频响特性与 JL/G1A-630/45-45/7 型钢芯铝绞线在 25%RTS 条件下的自阻尼频响特性绘制于同一坐标系下，如图 5-19 所示。

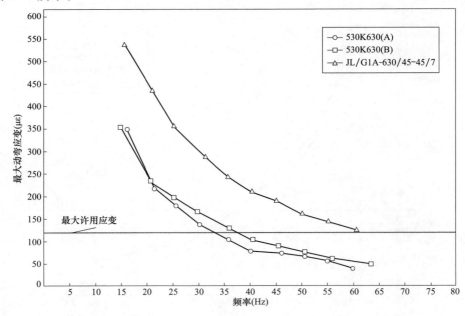

图 5-19　无防振方案时 530K630 导线及 630 普通导线频响特性比较曲线

从悬垂线夹出口处导线的动弯应变水平来看：

（1）两种530K630扩径导线样品在自阻尼条件下的振动强度相当，最大动弯应变约为$350\mu\varepsilon$；

（2）JL/G1A-630/45-45/7型钢芯铝绞线在自阻尼条件下的振动强度很大，最大动弯应变约为$440\mu\varepsilon$；

（3）两种530K630扩径导线振动强度均低于JL/G1A-630/45-45/7型钢芯铝绞线的，因此，在同等气象及地形条件下，530K630型扩径导线具有更好的耐振性能。

第三节　扩径导线过滑轮特性

扩径导线的内部为疏绞状态，因此导线在过滑车时由于挤压会使导线变成椭圆形，过完滑车后又恢复为圆形。在这个过程中导线内层和临外层线股发生位移，影响导线的几何尺寸和铝股之间的均匀受力。本节通过不同扩径导线的实验室过滑轮试验、现场过滑轮试验及结果，对扩径导线的过滑轮后线股特性进行介绍。

一、扩径导线实验室过滑轮试验

（一）临界跳股张力

扩径导线过滑轮试验所用设备和试验条件与第四章第一节中扩径导线截面稳定性试验试验设备和试验条件一致。由上文可知，扩径导线过滑轮出现跳股时的临界跳股张力即为判断其稳定性的条件。通过试验，各导线临界跳股张力如表5-4所示。

表5-4　　　　　　　　各导线临界跳股张力

导线型号	临界跳股张力
JLK-G2A-720（950）/80-41.80	$7\%RTS$
JLK-G2A-780（950）/80-41.80	$10\%RTS$
JLK-G2A-840（950）/80-41.80	$15\%RTS$
JLK/G2A-840（1000）/80-42.88	$10\%RTS$
JLK/G2A-870（1000）/80-42.88	$15\%RTS$
JLXK/G2A-680（720）/50-36.61	$35\%RTS$

（二）铝股压痕

在导线过滑轮试验之后，通过观察截面发现，外层铝股之间紧密接触，相互挤压。这是由于导线在拉伸载荷作用下反复通过滑轮弯曲形成明显铝股间接触塑性压痕从而导致导线直径缩减，当导线内部各层直径缩减量大于导线外层缩减量，将导致外层铝股失去内部铝股层的径向支撑，使得导线外层的铝股之间发生相互挤压，直至线股跳出，如图 5-20 所示。扩径导线铝股的典型压痕图如图 5-21 所示。

图 5-20　扩径导线跳股处截面失稳图

在临界跳股张力下，各导线过完 20 次滑轮之后，各层铝股的压痕变化统计如表 5-5 所示。

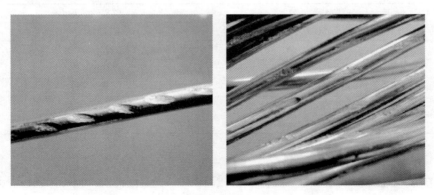

图 5-21　扩径导线铝股典型压痕图（一）

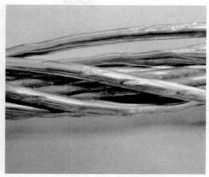

图 5-21　扩径导线铝股典型压痕图（二）

表 5-5　　　　　　　　　　各种导线压痕数据统计

导线型号	临界跳股张力	各层铝股压痕与半径比之（%）			
		外层	临外层	临内层（内层）	内层
LGJK-400（500）/45-30.18	40%RTS	2.31	15.26	21.42	—
LGJK-400（500）/45-30.00	25%RTS	1.78	8.6	10	—
JLK/G2A-720（950）/80-41.80	7%RTS	6.58	7.11	12.11	12.11
JLK/G2A-780（950）/80-41.80	10%RTS	7.89	7.89	10.53	15.79
JLK/G2A-840（950）/80-41.80	15%RTS	6.32	6.58	12.63	14.74
JLK/G2A-840（1000）/80-42.88	10%RTS	5.14	10.28	14.10	15.35
JLK/G2A-870（1000）/80-42.88	15%RTS	6.68	13.11	18.61	9.82

二、扩径导线工程现场过滑轮试验

（一）工程现场概况

根据试验工作总体工作安排，选择 1000kV 皖电东送淮南至上海特高压交流输电示范工程一般线路工程 K111-K125 段，作为扩径导线过滑轮试验段。该段线路位于浙江省嘉兴秀洲区新塍镇，线路全长 6.804km，共有铁塔 14 基，其中直线塔 11 基，转角塔 3 基，导线同塔双回架设，每相采用 8×JL/G1A-630/45 钢芯铝绞线。

本试验段交通较便利，可满足设备、材料运输要求。地形属平原河网地形，海拔 1.4～3m，地质为粉质粘土。气候湿润，试验期间风力比较大，温度为 10～30℃。

经专家研究和审查，确定导线最大放线张力 40kN，最大牵引力 180kN；由此确定导线出口张力，并经计算得到各档导线弧垂点张力、放线滑轮包络角和放线滑轮承载情况见表 5-6。

表 5-6   试 验 段 信 息

塔号	挡距	转角	塔型	滑车布置	滑车与张力机高差	导线档中张力	大牵入口牵引力（kN）	滑车承载（kN）	包络角（°）
张力场	—	—			0	34.5	174.5	—	—
K112	280	—	SZ323-66	单滑车	56	36	174.5	57	28.25
K113	544	—	SZ323-66	单滑车	55.6	36.4	173.7	50	16.46
K114	473	右 11.4°	SJ322-39	单滑车	37.6	37	174.1	43	14.25
K115	362	—	SZ322-57	单滑车	48	37.6	174.4	38	12.47
K116	493	—	SZ323-63	单滑车	52.7	38.2	174.2	45	14.78
K117	517	—	SZ323-60	单滑车	49.9	38.8	175.1	39	12.72
K118	567	—	SK321-75	单滑车	65.5	39.4	173.9	56	18.31
K119	532	右 12.4°	SJ322-42	单滑车	43	39.9	174.2	48	15.96
K120	459	—	SZ322-60	单滑车	50.1	40.6	174.4	38	12.65
K121	489	—	SZ322-60	单滑车	50.9	41.2	174.2	38	12.64
K122	461	—	SZ322-60	单滑车	49.4	41.8	174.2	34	11.32
K123	473	—	SZ323-60	单滑车	49.4	42.4	174.6	35	11.49
K124	516	—	SZ323-66	单滑车	55.7	43	173.8	43	14.29
K125	475	右 64.8°	SJ327-42	双滑车	41.8	42.4	171.3	191	66.79
牵引场	190	—			−0.2	—	—	—	—

（二）试件取样位置与编号

为了试验标记清晰，研究首先将截取回的 27 段试件进行编号，编号所对应的截取位置、最大展放张力、过滑车数等如表 5-7 所示。

表 5-7

试件取样位置与编号

序号	编号	试件名称	展放后位置	过滑车数	档中最大张力(kN)	说明	截取位置	截取时的状态
1	1A	走板后牵引头	牵引场	15	45	过 K112 滑车 17kN,28.3°过 K125 滑车 30kN,包络角 33°	牵引场	无散股、跳股、灯笼,压接管口未变形;导线管口未缩径
2	1B	走板后 50m 接续管	K125 前	15	45	过 K112 滑车 17kN,28.3°过 K125 滑车 30kN,包络角 33°	牵引场	无散股、跳股、灯笼,压接管口未变形;导线管口未缩径
3	1C	K125 小号侧接续管	K125 后	15	45	过 K112 滑车 17kN,28.3°过 K125 滑车 30kN,包络角 33°	牵引场	无散股、跳股、灯笼,压接管口未变形;导线管口未缩径
4	1D	K119 滑车内导线	K119	15	40	过 K112 滑车 17kN,28.3°过 K125 滑车 30kN,包络角 33°	牵引场	无散股、跳股、灯笼,无压扁
5	1F	K114 小号侧导线	K114 前	15	37	过 K112 滑车 30kN,28.3°过 K125 滑车 30kN,包络角 33°	牵引场	无散股、跳股、灯笼,无压扁、毛刺
6	1G	导线张力场牵引头	张力机前	15	正常 30,K125-100m34	过 K112 滑车 30kN,28.3°牵引头未过 K125 滑车	牵引场	无散股、跳股、灯笼,压接管口未变形;导线管口未缩径
7	2A	走板后牵引头	牵引场	15	45	过 K112 滑车 17kN,28.3°过 K125 滑车 30kN,包络角 33°	牵引场	无散股、跳股、灯笼,压接管口未变形;导线管口未缩径
8	2B	走板后 50m 接续管	K125 前	15	45	过 K112 滑车 17kN,28.3°过 K125 滑车 30kN,包络角 33°	牵引场	无散股、跳股、灯笼,压接管口未变形;导线管口未缩径
9	2C	K125 小号侧接续管	K125 后	13	45	过 K112 滑车 17kN,28.3°	K125 后	无散股、跳股、灯笼,压接管口未变形;导线管口未缩径

序号	编号	试件名称	展放后位置	过滑车数	档中最大张力 (kN)	说明	截取位置	截取时状态
10	2D	K119滑车内导线	K119滑车	8	40	过K112滑车17kN，包络角28.3°	K119滑车	无散股、跳股、灯笼、无压扁、毛刺
11	2F	K114小号侧导线	K114前	15	37	28kN紧线7d；过K112滑车30kN，包络角28.3°过K125滑车30kN，包络角33°	牵引场	无散股、跳股、灯笼、无压扁、毛刺
12	2G	导线张力场锚线点	张力机前	15	正常30，K125-100m34	28kN紧线7d；过K112滑车17kN，包络角28.3°过K125滑车30kN，包络角33°	牵引场	无散股、跳股、灯笼、无压扁、锚线点毛刺
13	2H	导线张力场牵引头	张力机前	13	正常30，K125-100m34	过K112滑车17kN，包络角28.3°过K125滑车30kN，包络角33°	牵引场	无散股、跳股、灯笼、无压扁、毛刺
14	3A	走板后牵引绳	牵引场	15	45	过K112滑车17kN，包络角28.3°过K125滑车30kN，包络角33°	牵引场	无散股、跳股、灯笼、压接管变形、导线管口未缩径
15	3B	走板后50m接续续管	K125前	15	45	过K112滑车17kN，包络角28.3°过K125滑车30kN，包络角33°	牵引场	无散股、跳股、灯笼、压接管变形、导线管口未缩径
16	3C	K125小号侧接续管	K125后	13	45	过K112滑车17kN，包络角28.3°过K125滑车30kN，包络角33°	K125后	无散股、跳股、灯笼、压接管变形、导线管口未缩径
17	3D	K119滑车内导线	K119滑车	8	40	过K112滑车17kN，包络角28.3°	K119滑车	无散股、跳股、灯笼、无压扁、毛刺
18	3F	K114小号侧导线	K114前	15	37	28kN，包络角30kN，包络角30kN，包络角33°	牵引场	无散股、跳股、灯笼、无压扁、毛刺

序号	编号	试件名称	展放后位置	过滑车数	档中最大张力 (kN)	说明	截取位置	截取时状态
19	3G	导线张力场锚线点	张力机前	15	正常 30, K125-100m34	28kN 紧线 7d; 过 K112 滑车 17kN, 包络角 28.3°过 K125 滑车 30kN, 包络角 33°	牵引场	无散股、跳股、灯笼、无压偏、锚线点毛刺
20	3H	导线张力场牵引头	张力机前	13	正常 30, K125-100m34	过 K112 滑车 17kN, 包络角 28.3°过 K125 滑车 30kN, 包络角 33°	牵引场	无散股、跳股、灯笼、压接管变形、导线管口未缩径
21	4A	走板后牵引头	牵引场	15	45	过 K112 滑车 17kN, 包络角 28.3°过 K125 滑车 30kN, 包络角 33°	牵引场	无散股、跳股、灯笼、压接管变形、导线管口未缩径
22	4B	走板后 50m接续管	K125 前	15	45	过 K112 滑车 17kN, 包络角 28.3°过 K125 滑车 30kN, 包络角 33°	牵引场	无散股、跳股、灯笼、压接管变形、导线管口未缩径
23	4C	K125 小号侧接续管	K125 后	13	45	过 K112 滑车 17kN, 包络角 28.3°	K125 后	无散股、跳股、灯笼、压接管变形、导线管口未缩径
24	4D	K119 滑车内导线	K119 滑车	8	40	过 K112 滑车 17kN, 包络角 28.3°	K119 滑车	无散股、跳股、灯笼、无压偏、毛刺
25	4F	K114 小号侧导线	K114 前	15	37	28kN 紧线 7d; 过 K112 滑车 30kN, 过 K125 滑车 30kN, 包络角 33°	牵引场	无散股、跳股、灯笼、无压偏、毛刺
26	4G	导线张力场锚线点	张力机前	15	正常 30, K125-100m34	28kN 紧线 7d; 过 K112 滑车 17kN, 包络角 28.3°过 K125 滑车 30kN, 包络角 33°	牵引场	无散股、跳股、灯笼、无压偏、锚线点毛刺
27	4H	导线张力场牵引头	张力机前	13	正常 30, K125-100m34	过 K112 滑车 17kN, 包络角 28.3°过 K125 滑车 30kN, 包络角 33°	牵引场	无散股、跳股、灯笼、压接管变形、导线管口未缩径

（三）试件单丝检测结果

本研究对四种导线共计 24 段试件进行了单丝检测，主要检测每种试件各层节径比与单丝平均强度，为了方便对比，研究将导线的型式试验部分检测结果也放入表中，具体数据见表 5-8～表 5-11。

表 5-8　　　　　　　　　　　　1 号单丝检测结果

编号	线别	展放后位置	过滑车数	最大展放张力（kN）	节径比				单丝强度平均值（MPa）
					外层	临外层	临内层	内层	
		原导线			11.4	12.3	14.7	15.5	168
1A	1 号	走板后牵引头	15	45	11.1	11.7	14.5	15.3	169
2A	1 号	走板后 50m 接续管	15	45	11.5	12.4	14.8	15.6	169
3A	1 号	K125 小号侧接续管	15	45	11.5	12.3	14.8	14.6	172
4A	1 号	K119 滑车内导线	15	40	11.3	12.3	13.7	15	170
5A	1 号	K114 小号侧导线	15	37	11.3	12.1	14.1	15.6	152
6A	1 号	导线张力场牵引头	15	正常 30，距 K125 塔 100m 时 34	11.5	12	14.3	15.4	171

表 5-9　　　　　　　　　　　　2 号单丝检测结果

编号	线别	展放后位置	过滑车数	最大展放张力（kN）	节径比				单丝强度平均值（MPa）
					外层	临外层	临内层	内层	
		原导线			11.2	11.9	12.8	13.2	192
1B	2 号	走板后牵引头	15	45	11.2	11.1	13	13.7	191
2B	2 号	走板后 50m 接续管	15	45	10.9	11	13.6	13.4	183
3B	2 号	K125 小号侧接续管	13	45	11.1	11.2	13	13.6	186
4B	2 号	K119 滑车内导线	8	40	11.2	11.3	13.7	14.3	185
5B	2 号	K114 小号侧导线	15	37	11.2	11.5	12.9	13.9	182
6B	2 号	导线张力场锚线点	15	正常 30，距 K125 塔 100m 时 34	11.3	11	13.3	13.7	182

表 5-10　　　　　　　　　　　　3 号单丝检测结果

编号	线别	展放后位置	过滑车数	最大展放张力（kN）	节径比				单丝强度平均值（MPa）
					外层	临外层	临内层	内层	
		原导线			11.5	12.6		13.0	181
1C	3 号	走板后牵引头	15	45	11.3	12		13	175
2C	3 号	走板后 50m 接续管	15	45	11.3	12.2		13.2	176
3C	3 号	K125 小号侧接续管	13	45	11.2	12.4		13.2	176
4C	3 号	K119 滑车内导线	8	40	10	11.6		12.5	175
5C	3 号	K114 小号侧导线	15	37	11.8	12.2		13.2	183
6C	3 号	导线张力场锚线点	15	正常 30，距 K125 塔 100m 时 34	11.5	12.2		13	174

表 5-11　　　　　　　　　　　　4 号 单 丝 检 测 结 果

编号	线别	展放后位置	过滑车数	最大展放张力 (kN)	节径比				单丝强度平均值 (MPa)
					外层	临外层	临内层	内层	
		原导线			11.0	13.4		14.8	191
1D	4 号	走板后牵引头	15	45	11.1	12.8		14.8	193
2D	4 号	走板后 50m 接续管	15	45	10.4	11.1		15	191
3D	4 号	K125 小号侧接续管	13	45	9.7	12.1		14.9	184
4D	4 号	K119 滑车内导线	8	40	10.7	12.8		14	192
5D	4 号	K114 小号侧导线	15	37	10.7	12.2		14.4	174
6D	4 号	导线张力场锚线点	15	正常 30，距 K125 塔 100m 时 34	11.1	12.8		14.9	197

根据表 5-7～表 5-10 可得，四种导线六处截取位置所得 24 段试件与原导线比较，节径比与单丝强度都没有较大变化。

（四）试件拉断力

研究对每种导线选取了 3 段试件进行拉断力检测，3 段对应的工况分别为：走板后牵引头、走板后 50m 接续管、K125 小号侧接续管，过滑车数均为 15 个，最大放线张力均为 45kN，拉断力具体数据如表 5-12 所示。根据表 5-12 所示，除 1 号导线拉断力明显减小外，其余导线均满足 95%RTS 的要求。

表 5-12　　　　　　　　　　　试 件 拉 断 力

序号	过滑车数	最大展放张力	说明	试件拉断力 (kN)
		原导线平均拉断力 (kN)		133.0
1A	15	45	过 K125 滑车 25，包络角 33°	93.8
2A	15	45	过 K125 滑车 25，包络角 33°	91.4
3A	15	45	过 K125 滑车 30，包络角 33°	92.5
		原导线平均拉断力		131.6
1B	15	45	过 K125 滑车 25，包络角 33°	125.6
2B	15	45	过 K125 滑车 25，包络角 33°	127.8
3B	13	45		141.4
		原导线平均拉断力		136.0
1C	15	45	过 K125 滑车 25，包络角 33°	130.0
2C	15	45	过 K125 滑车 25，包络角 33°	137.6
3C	13	45		138.0
		原导线平均拉断力		135.4
1D	15	45	过 K125 滑车 25，包络角 33°	137.9
2D	15	45	过 K125 滑车 25，包络角 33°	139.4
3D	13	45		139.2

（五）试件各层压痕状态

对每段试件进行剥线拍照取样，本节以走板后 50m 接续管附近导线为例，如图 5-22～图 5-25 所示。由四张图可知，由于 3 号导线线股间为线接触，因此在导线表面受到压力的时候，会产生压痕，经测量 3 号导线内层存在最深为 1～2mm 的压痕；其余导线内部型线单丝之间接触形式为面接触，单丝上仅有些摩擦损伤。

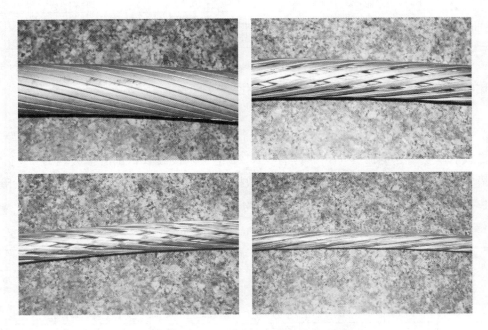

图 5-22　1 号内层磨损状态

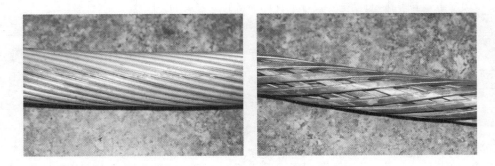

图 5-23　2 号内层磨损状态（一）

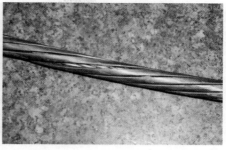

图 5-23　2 号内层磨损状态（二）

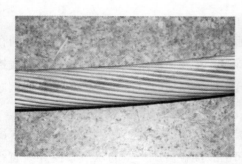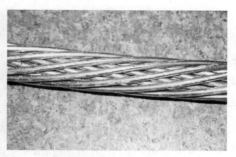

图 5-24　3 号内层磨损状态

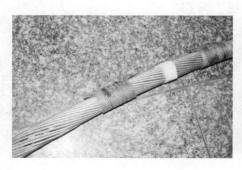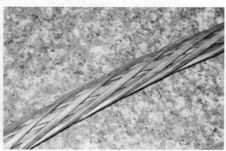

图 5-25　4 号内层磨损状态（一）

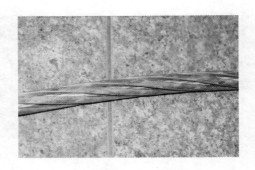

图 5-25　4 号内层磨损状态（二）

通过上述试验结果可得：

（1）扩径导线在较大的张力作用下通过滑轮，由于导线内部同层铝股之间存在较大的间隙，使其对相邻层铝股的支持力存在较大的缺失，从而使扩径导线铝股层间产生了比一般常规导线严重的压痕。即扩径导线过滑轮特性劣于普通钢芯铝绞线。

（2）铝股压痕深度由外层铝股向内层铝股呈递增趋势，即外层铝股压痕深度最浅，内层铝股压痕深度最深。相邻层间铝股接触挤压产生的压痕致使导线直径缩减，同时外层线股由于空隙减小导致相互挤压，最终出现跳股失稳的现象。

第四节　扩径导线铝股应力分布规律

由于扩径导线支撑层铝线疏绞，在外载荷作用下其各层线股的受力与普通导线有所不同。本节通过数值仿真结合理论计算的方法对扩径导线分别在张拉载荷、弯曲载荷、扭转载荷作用下及过滑轮工况下各层股线间应力分布规律进行介绍。

一、张拉载荷作用下各层股线间应力分布

（一）张拉载荷及相应内力

以 530K630 为例，根据实际工况，在扩径导线展放和紧线时其所受张拉载荷不超过 30%RTS，即轴向张拉载荷约 40kN。另外，其在实际运行中所受张拉载荷不超过 25%RTS，即轴向张拉载荷约 31.9kN。因此，为研究不同轴向张拉载荷下的扩径导线股线的内力分布时，拉伸荷载有两种工况，分别为 $F=40$kN 与 $F=31.9$kN。

如图 5-26 所示，截取螺旋股线一微段进行受力分析。图中 F 为绞线所承受

的拉力，$Z_{d,L}$ 为股线沿自身轴线切线方向承受的拉力，$F_{d,L}$ 为股线沿绞线轴向方向的分力，β_L 为股线螺旋角。股线沿自身轴线切线方向的拉力可表示为

$$Z_{d,L} = F_{d,L}/\cos\beta \tag{5-4}$$

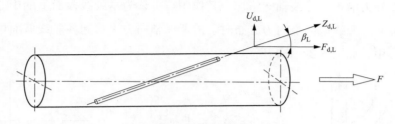

图 5-26 螺旋微元段受力图

而绞线所承受的拉力为

$$F = \sum_{\text{allwires}} F_{d,L} = \sum_{\text{allwires}} Z_{d,L}\cos\beta \tag{5-5}$$

根据轴向应力关系可知

$$Z_{d,L} = EA\varepsilon_L \tag{5-6}$$

式中 ε_L 是指股线沿自身轴向的应变，而绞线应变为 ε。图 5-27 描述了股线沿自身轴向变形及绞线轴向变形间的关系。

由于

$$\Delta L = \Delta l \cos\beta_L \tag{5-7}$$

而考虑到应变很小，则会有

$$\cos\beta_L \approx l/L \tag{5-8}$$

股线沿自身轴向应变满足

$$\varepsilon_L = \Delta L/L \tag{5-9}$$

由式（5-7）~式（5-9）可得

$$\varepsilon_L = \varepsilon\cos^2\beta_L \tag{5-10}$$

则式（5-6）可化为

$$Z_{d,L} = EA\varepsilon\cos^2\beta_L \tag{5-11}$$

联立式（5-5）、式（5-11）可得

$$Z_{d,L} = \frac{EA\cos^2\beta_L}{\sum\limits_{\text{allwire}} EA\cos^3\beta_L}F \tag{5-12}$$

图 5-27 股线及绞线
的几何变形关系

由式（5-4）与式（5-12）可知，当钢绞线承受轴向力 F 时，股线截面沿绞线轴

向方向的分力为

$$F_{\mathrm{d,L}} = \frac{EA \cos^3 \beta_{\mathrm{L}}}{\displaystyle\sum_{\mathrm{allwire}} EA \cos^3 \beta_{\mathrm{L}}} F \tag{5-13}$$

由于外力沿扩径导线轴向施加，其作用点可认为是绞线截面上的中心点，因而计算各螺旋股线截面上内力分布时，需考虑轴向力平移到各股线截面中心引起的弯矩作用，如图 5-28（a）所示。

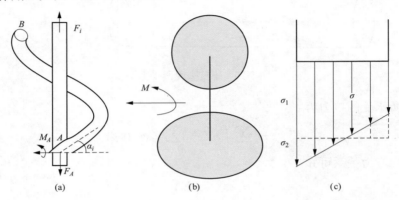

图 5-28　螺旋股线截面内力平衡图

（a）各截面的变矩作用；（b）总变矩示意图；（c）1 字合应力分布

螺旋股线层内股与股间相互作用力较小，而螺旋股线与中心股线间的摩擦也对螺旋股线产生弯矩，但与螺旋股线所承受因外力引起的弯矩的方向共线，故其总弯矩示意图如图 5-28（b）所示。

螺旋股线截面承受的是拉弯组合载荷，截面上的应力为

$$\sigma_{1,\mathrm{theo}} = \frac{F_1}{A} + \frac{My}{I_z} \tag{5-14}$$

根据螺旋股线截面上的内力可得该截面上的综合应力分布，如图 5-20（c）所示，轴向应力的极值存在于螺旋股线椭圆截面短轴的两端。

综上所述，中心股线轴线与绞线轴线重合，所受外力与其轴线共线，因而其只承受拉伸应力。由此可知，钢绞线内中心股线仅承受拉伸载荷，截面上为均布正应力；螺旋股线承受拉弯载荷，截面上存在拉伸应力与弯曲应力，其截面法向应力沿椭圆短轴线性变化，极值位于短轴两端。

（二）张拉载荷作用下各股线轴向应力仿真

依据 JLK/G2A-530(630)/45-38/7 型扩径导线技术参数建立扩径导线实体模

型，并施加张拉载荷，其加载模型如图 5-29 所示。

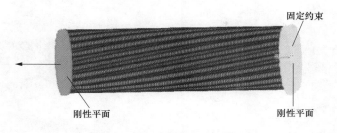

图 5-29　张拉载荷作用下实体模型

加载计算后，其轴向应力云图如图 5-30 所示。

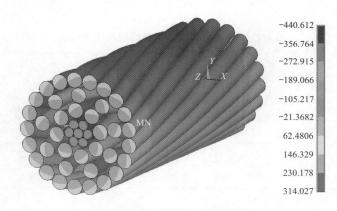

图 5-30　张拉载荷作用下轴向应力云图

由于端部约束及加载端刚性面的影响，距模型两端部分应力失真，故选取模型中心截面。为研究张拉载荷发生改变时，各股线截面的应力大小的变化，轴向施加张力为 $F=31.9$kN，与轴向施加张力为 $F=40$kN 进行对比，其轴向应力云图如图 5-31 所示，图（a）轴向张力为 $F=40$kN，图（b）轴向张力为 $F=31.9$kN。

从图中可以看出，扩径导线在整体张拉载荷作用下，其各股线发生的是拉弯扭组合变形，因此各股线横截面上的应力非均匀分布。以工况 $F=40$kN 为例，对扩径导线中间截面进行积分，求出每个绞层内各根股线的截面轴力之和，除以各绞层股线的截面面积之和，从而可求出每个绞层内股线截面的平均轴向应力（F_{simu}），并与理论值（F_{theo}）进行对比，如表 5-13 所示。

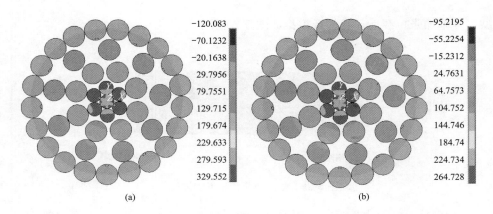

图 5-31　张拉载荷作用下中间截面轴向应力云图

表 5-13   各股线理论与仿真轴力及平均轴向应力对比

绞层	F_{theo}（N）	F_{simu}（N）	误差（%）	$\sigma_{1,theo}$（MPa）	σ_{simu}（MPa）	误差（%）
1	1313	1442	9.84	211.7	231.1	8.39
2	1289	1384	7.35	207.9	224.4	7.35
3	837	875	4.53	59.3	62.5	5.12
4	820	732	10.68	58.0	51.2	13.28
5	804	793	1.34	56.9	59.4	4.21

另外，根据电机工程手册中各绞层股线的轴向应力计算方法如式（5-14）所示，可得各绞层内股线的轴向应力，并与理论与仿真应力进行对比，对比结果如表 5-14 所示。

$$\begin{cases} \sigma_{2,theo} = \lambda_i \sigma \dfrac{E_a}{E_0} \\ \lambda_i = \sqrt{1 + \dfrac{\pi^2}{[P_i D_i/(D_i - d_i)]^2}} \end{cases} \quad (5\text{-}15)$$

式中　$\sigma_{2,theo}$——绞线第 i 层的铝股应力；

σ——绞线综合应力，一般为破坏应力的 25%；

λ_i——绞线第 i 层的绞入系数；

E_a、E_0——绞线、单线的弹性模量；

P_i——绞线第 i 层的节距比；

D_i——绞线第 i 层的外径；

d_i——绞线第 i 层的单线直径。

表 5-14 各股线理论与仿真平均综合应力对比

绞层	$\sigma_{1,\text{theo}}$（MPa）	$\sigma_{2,\text{theo}}$（MPa）	σ_{simu}（MPa）	$\sigma_{1,\text{theo}}$ 与 σ_{simu} 误差（%）	$\sigma_{2,\text{theo}}$ 与 σ_{simu} 误差（%）
钢绞层	208.4	203.5	224.4	7.13	9.31
内绞层	59.3	60.6	62.5	5.12	3.04
中绞层	58.0	60.2	51.2	13.28	17.58
外绞层	56.9	59.8	59.4	4.21	0.67

由表 5-13 与表 5-14 可知，各股线轴力理论值与仿真值最大相差为 10.68%，最小相差为 1.34%，而该截面积分总轴向力为 39.998kN，与总荷载相等。理论 1 所推导的平均应力与仿真值相差在 4.21%～13.28% 之间，而理论 2 除钢绞层和中绞层轴向应力偏差相对较大，绝对值分别为 9.31% 和 17.58%，其他绞层的平均应力数值与仿真对比相比理论 1 偏差更小。

为了更加形象地比较两种理论计算的轴向应力，与仿真计算的对比，绘制对比图如图 5-32 所示。

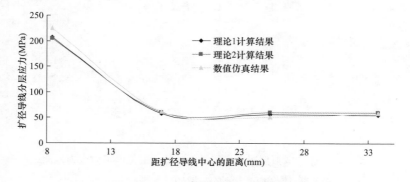

图 5-32 理论与仿真轴向应力对比

由图 5-32 易见，两种理论计算的轴向应力与仿真计算结果极其接近。张拉载荷作用下，扩径导线横截面内绞层轴向应力从内向外逐渐减小，中心钢股线相对较大，铝绞层轴向应力较小，且铝绞层间彼此相差不大。

通过模型仿真可知，各股线截面上轴向应力的分布规律为：横截面内各层铝股轴向应力从内向外逐渐减小，中心股轴向应力相对较大，铝绞层轴向应力较小，且彼此相差不大；接触区域出现应力集中，外绞层股线应力沿椭圆短轴从内例向外逐渐减小，其他绞层沿椭圆短轴逐渐变化。以工况 $F=40\mathrm{kN}$ 为例，取中点处附近的截面，如图 5-33 （b）～图 5-33 （d）所示。在扩径导线外绞层截面上，接触区域有应力集中现象，轴向应力沿椭圆截面短轴向外侧逐渐减小，如图 5-33 （a）所示。

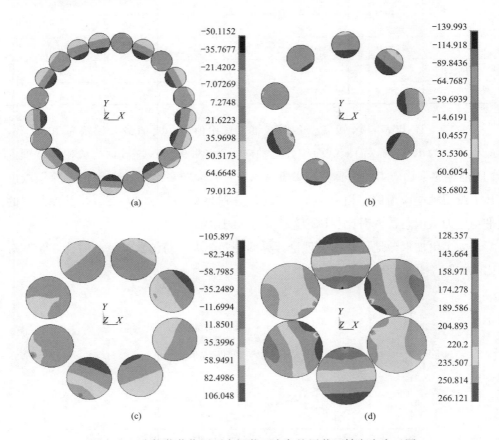

图 5-33　张拉载荷作用下中间截面内各绞层截面轴向应力云图

（a）外绞层轴向应力分布；（b）中绞层轴向应力分布；

（c）内绞层轴向应力分布；（d）钢绞层轴向应力分布

（三）张拉载荷作用下各股线第四强度理论等效应力

扩径导线截面内，各股线的椭圆截面轴向应力分布规律在其根据第四强度理论得到的等效应力云图上也有体现，如图 5-34 所示，图 （a）轴向张力为 $F=40\mathrm{kN}$，图 （b）轴向张力为 $F=31.9\mathrm{kN}$。

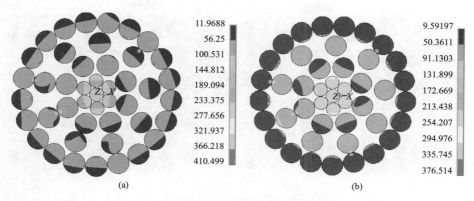

图 5-34　张拉载荷作用下中间截面等效应力云图

从图 5-34 可以看出，张拉载荷作用时，扩径导线横截面内各绞层等效应力从内向外逐渐减小，中心股线相对较大，铝绞层轴向应力较小，且铝绞层间彼此相差不大。相临铝绞层间出现应力集中现象，不同铝绞层内股线截面上应力沿椭圆短轴渐变。

（四）张拉载荷作用下各股线径向应力

张拉载荷作用下，各股线由于受自身轴向力作用，其具有一定程度的弯曲，因而会对内绞层具有一定的挤压，且此挤压力会部分或全部传到内部相临绞层，因而绞层间的挤压力从外向内逐渐增大。图 5-35、图 5-36 所示为在张拉载荷作用下，中间截面各股线 X 向应力、Y 向应力，左图轴向张力为 $F=40\text{kN}$，右图轴向张力为 $F=31.9\text{kN}$。

由图 5-36 可知，两种加载工况下，各个绞层内非接触区域，其径向应力幅值基本相同，接触区域出现明显应力集中，应力极值出现在接触点处，且该绞层截面的应力极值出现在铝股的中绞层和内绞层接触点处。

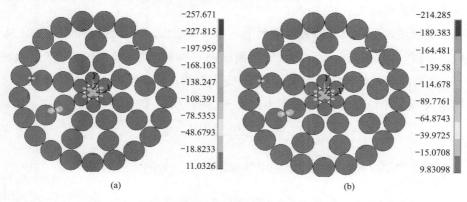

图 5-35　拉伸载荷作用下中间截面各股线 X 向应力云图

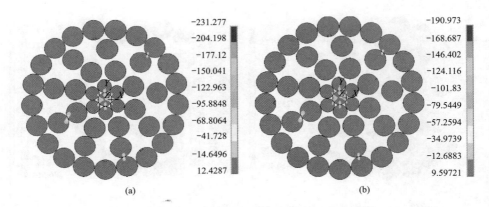

图 5-36　拉伸载荷作用下中间截面各股线 Y 向应力云图

二、弯曲载荷作用下各层股线间应力分布

(一) 弯曲载荷及相应内力

导线过直径 $D=710\text{mm}$ 的滑轮时其整体均与滑轮边缘接触，接触长度为 $2l=160.4\text{mm}$，导线承受弯曲载荷。在进行弯曲载荷确定时，将导线模型简化为悬臂梁，在梁的自由端施加等效位移边界，使其变形与过滑轮时尽量相同。

如图 5-37 所示，根据弧长公式，可计算出导线模型过滑轮弯曲变形后所对应的圆心角为

$$\alpha = 2l/D \tag{5-16}$$

因此模型自由端施加的竖直方向位移为

$$y = \frac{D}{2}(1 - \cos\alpha) \tag{5-17}$$

代入具体数值可得 $y=9.21\text{mm}$。

假定绞线未受外力时，股线截面上不存在预应力。梁受纯弯曲作用下，从中截取一小段，如图 5-38 所示，并沿截面纵向对称轴与中性轴分别建立坐标轴 y 与 x。梁弯曲后，纵坐标为 y 的直线 ab 变为弧线 $a'b'$。设截面 1-1 与 2-2 间的相对转角为 $\text{d}\theta$，中性层 0_10_2 的曲率半径为 ρ，则直线 ab 的正应变为

$$\varepsilon = \frac{l_{a'b'} - \text{d}x}{\text{d}x} = \frac{(\rho + y)\text{d}\theta - \rho\text{d}\theta}{\rho\text{d}\theta} = \frac{y}{\rho} \tag{5-18}$$

由胡克定律可知，横截面上距中性轴距离为 y 处的正应力为

$$\sigma = E\frac{y}{\rho} \tag{5-19}$$

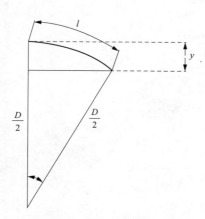

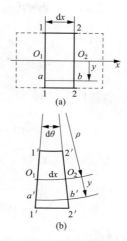

图 5-37　扩径导线轴线弯曲示意图　　图 5-38　微元梁纯弯曲几何变形图

同理，当绞线受弯曲载荷时，若知道股线截面处的曲率半径，则可根据式（5-19）求出其相应的正应力。图 5-39 所示为绞线在弯矩作用下某股线绕内绞层。

r 为该股线所在绞层的半径，D 为绞线的曲率直径，φ 为绞线某截面内，股线截面中心与绞线截面中心的连线与绞线曲率半径的夹角，θ 为该曲率半径与绞线起始平面内 y 轴的夹角。则该股线轴参数方程为

$$\begin{cases} x = -r\sin\varphi \\ y = D/2\cos\theta + r\cos\varphi\cos\theta \\ z = D/2\sin\theta + r\cos\varphi\sin\theta \end{cases} \quad (5\text{-}20)$$

当绞线截面的夹角 θ 有一个增量 $\mathrm{d}\theta$ 时，股线轴线的增量为 $\mathrm{d}l$，绞线轴线的增量为 $\mathrm{d}L$，如图 5-40 所示，则由几何关系可知

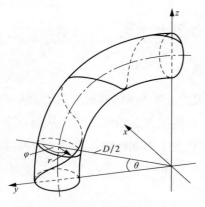

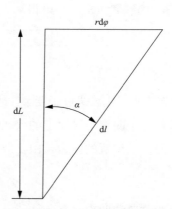

图 5-39　扩径导线弯曲图示　　　　　图 5-40　股线轴线增量图示

$$dl = \frac{dL}{\cos\alpha} \tag{5-21}$$

$$dL = \frac{r d\varphi}{\tan\alpha} \tag{5-22}$$

又由图 5-37 中的几何关系知

$$dL = \left(\frac{D}{2} + r\cos\varphi\right)d\theta \tag{5-23}$$

由式 （5-21）～式 （5-23） 可得

$$d\theta = \frac{1}{\tan\alpha \cdot \left(\frac{D}{2r} + \cos\varphi\right)} \cdot d\varphi \tag{5-24}$$

对其进行积分可得

$$\theta = \frac{2}{\tan\alpha \cdot \sqrt{\frac{D^2}{4r^2} - 1}} \cdot \arctan \frac{\left(\frac{D}{2r} - 1\right) \cdot \tan\left(\frac{\varphi}{2}\right)}{\sqrt{\frac{D^2}{4r^2} - 1}} \tag{5-25}$$

结合式 （5-20）、式 （5-25） 可得该股线参数方程的一阶与二阶导数，可认为该曲线方程为空间某点做曲线运动的解析方程，故其一阶二阶导数分别为其速度 $\vec{v}$ 与加速度 $\vec{a}$，则由

$$\frac{1}{\rho} = \frac{a_r}{v^2} \tag{5-26}$$

而

$$a_r = \sqrt{\vec{a}^2 - \left(\vec{a} \cdot \frac{\vec{v}}{|\vec{v}|}\right)^2} \tag{5-27}$$

由式 （5-26）、式 （5-27） 可得

$$\frac{1}{\rho} = \sqrt{\frac{(x'^2 + y'^2 + z'^2) \cdot (x''^2 + y''^2 + z''^2) - (x' \cdot x'' + y' \cdot y'' + z' \cdot z'')^2}{(x'^2 + y'^2 + z'^2)^3}}$$

$$\tag{5-28}$$

由于该曲率代数式过于复杂，故适合用数值解法求解其相应数值。由式 （5-28） 即可求得对于曲率半径固定的绞线内任一根股线某点处的曲率，从而可求得该股线此截面任意位置的应力，由于股线原先就处于弯曲状态，故受力后其应力为

$$\sigma = Ey\left(\frac{1}{\rho} - \frac{1}{\rho_0}\right) \tag{5-29}$$

绞线弯曲前股线曲率半径为

$$\frac{1}{\rho_0} = \frac{\sin^2\alpha}{r} \tag{5-30}$$

（二）弯曲载荷作用下各股线轴向应力仿真

在弯曲荷载作用时，通过调整弯矩值试算，使自由端刚性节点的位移达到 $y=$ 9.21mm。其加载模型如图 5-41。

加载计算后，扩径导线模型呈现一定的弯曲，其挠曲轴曲线如图 5-42 所示。

图 5-41　弯曲载荷作用下实体模型

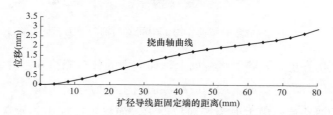

图 5-42　扩径导线挠曲轴曲线

其轴向应力云图如图 5-43 所示。

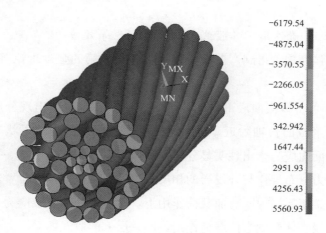

图 5-43　弯曲载荷作用下轴向应力云图

由于端部约束及加载端刚性面的影响，距模型两端部分应力失真，故取模型中间截面位置，其轴向应力云图如图 5-44 所示。

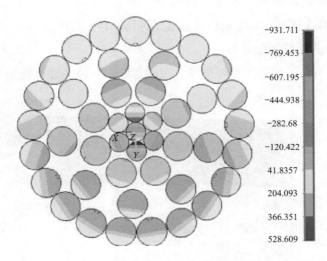

图 5-44　弯曲载荷作用下中间截面轴向应力云图

通过模型仿真可得，各股线截面上轴向应力的分布规律为：外绞层、中绞层及螺旋钢绞层中，靠近截面下端的股线截面内主要为弯曲压应力，而靠近扩径导线截面上端的股线截面内主要为弯曲拉应力，而接近截面中心水平位置的股线，拉压状态并不明显；在内绞层内，靠近截面下端的股线截面内主要为弯曲拉应力，靠近扩径导线上端附近的股线截面内主要为弯曲压应力。中心股线截面下端附近应力为正，上端为负。

（三）弯曲载荷作用下各股线第四强度理论等效应力

根据第四强度理论得到弯曲载荷作用下各股线第四强度理论等效应力云图，如图 5-45 所示。

从图 5-45 可得该截面底部外绞层、中绞层截面内应力出现分层，且接近零应力的区域位于截面长轴附近，说明此位置附近股线处于拉压状态，而截面上部，外绞层截面内应力未出现明显分层，此位置附近股线处于单一拉伸状态。内绞层的等效应力分布规律与外绞层的相反。扩径导线截面水平位置附近的股线等效应力较小，接近零，说明弯曲载荷作用下，此位置处的股线应力较小，几乎未变形。扩径导线整体受到弯曲载荷作用，同一层上的股线的受力差异较大，位于截面水平轴附近股线的应力较小。

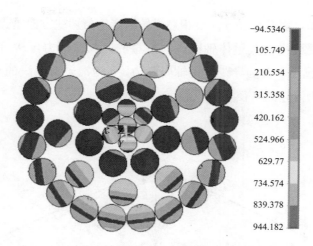

图 5-45 弯曲载荷作用下中间截面等效应力云图

（四）弯曲载荷作用下各股线径向应力

弯曲载荷作用下，中间截面各股线 X 向应力、Y 向应力，如图 5-46 所示。

从图 5-46 可以看出，在弯曲载荷作用下，截面内非接触区域除截面顶端外，基本相同，而接触区域出现应力集中现象，且应力极值出现在中绞层与内绞层或外绞层与中绞层间的股线接触区域。

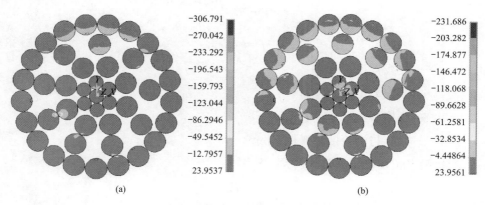

(a)   (b)

图 5-46 弯曲载荷作用下中间截面径向应力云图

（a）X 向；（b）Y 向

三、扭转载荷作用下各层股线间应力分布

（一）扭转载荷

扩径导线在过滑轮时，由于导线与滑轮接触的外层线股的旋向与滑轮边缘切

线方向存在夹角，因此扩径导线会相对滑轮槽产生与切线方向垂直的滑动。这会导致扩径导线受到沿与其整体轴线方向垂直的横向摩擦力，从而使导线受到扭矩。如图 5-47 所示，F 为导线所受轴向张力，q 为滑轮对绞线的单位线荷载，α 为包络角，R 为滑轮的半径。

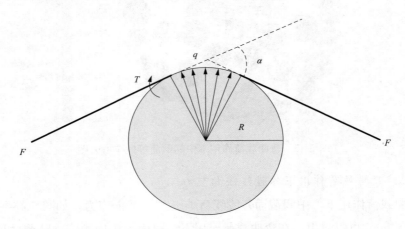

图 5-47　扩径导线过滑轮受力图示

扩径导线所承受的扭矩

$$T = f\frac{d}{2} \tag{5-31}$$

$$f = \mu l q \tag{5-32}$$

式中　d——绞线直径，mm；

　　　f——摩擦力，N；

　　　μ——摩擦系数；

　　　l——绞线与滑轮接触弧长，mm。

而接触弧长及单位荷载分别为

$$\begin{cases} l = R\alpha \\ q = F/R \end{cases} \tag{5-33}$$

故扭矩为

$$T = \mu F \alpha d/2 \tag{5-34}$$

（二）扭转载荷作用下各股线轴向应力仿真

根据上文得到过滑轮时扭转载荷 $T = \mu F \alpha d/2$，代入 $\mu = 0.3$，$F = 40\text{kN}$，$\alpha = 30°$，$d = 33.75$ 可得 $T = 105.975\text{kN} \cdot \text{mm}$。仅考虑扭转载荷对其分层应力的影响，其

加载模型如图 5-48 所示。扩径导线受扭后轴向应力云图如图 5-49 所示。

图 5-48　扭转荷载作用下实体模型

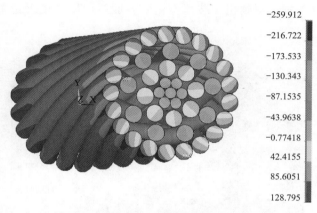

图 5-49　扭转荷载作用下轴向应力云图

在中间位置处取截面，并作其轴向应力云图，如图 5-50 所示。

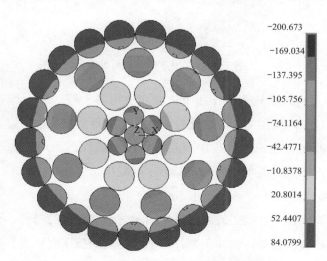

图 5-50　扭转载荷作用下中间截面轴向应力图

该扩径导线模型承受与外绞层旋向相同的扭矩。从图 5-50 可得此时各股线截面上轴向应力的分布规律为：绞层旋向与扭矩同向时，该绞层有旋紧的趋势，绞层内股线处于拉伸状态；当绞层旋向与扭矩相反时，该绞层有解旋的趋势，绞层内股线处于压缩状态；在整体扭转载荷作用下，整个扩径导线的轴线长度会缩短，因此中心钢股会受压。同时，每根股线横截面的轴向应力也不是均匀分布的。外绞层与内绞层每根股线横截面内，外侧拉应力较大，内侧拉应力较小；中绞层和钢绞层每根股线横截面内，外侧压应力较大，内侧压应力较小。

（三）扭转载荷作用下各股线第四强度理论等效应力

根据第四强度理论得到扭转载荷作用下各股线第四强度理论等效应力云图，如图 5-51 所示。

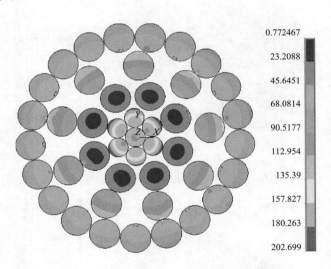

| 0.772467 |
| 23.2088 |
| 45.6451 |
| 68.0814 |
| 90.5177 |
| 112.954 |
| 135.39 |
| 157.827 |
| 180.263 |
| 202.699 |

图 5-51　扭转载荷作用下中间截面等效应力云图

由图 5-51 可得，扭转载荷作用下，同绞层内各个股线截面等效应力幅值出现分层现象，且除内绞层与中心股线外，从外向内等效应力幅值逐渐增大，外绞层与中绞层接触区域出现应力集中现象。内绞层股线截面内出现环形等效应力幅，等效应力近似沿截面半径向截面形心逐渐减小。

（四）扭转载荷作用下各股线径向应力

在扭转载荷作用下，绞层旋向与扭矩同向时，有旋紧的趋势，绞层旋向与扭矩相反时，有解旋的趋势，如此一来，相临绞层间的挤压则更为严重。扭转载荷作用下，中间截面各股线 X 向应力、Y 向应力，如图 5-52 所示。

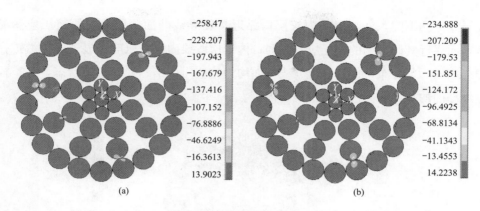

-258.47	-234.888
-228.207	-207.209
-197.943	-179.53
-167.679	-151.851
-137.416	-124.172
-107.152	-96.4925
-76.8886	-68.8134
-46.6249	-41.1343
-16.3613	-13.4553
13.9023	14.2238

(a)   (b)

图 5-52　扭转载荷作用下中间截面径向应力云图

（a）X 向；（b）Y 向

从图 5-52 可以看出，在扭转载荷作用下，相临绞层间的挤压区域应力极值多发生在外绞层与中绞层股线接触区域，而股线截面非接触区域 X 向的应力基本相等，且数值相对较小。故扩径导线承受较大外扭矩时，应力集中较为严重的区域发生在导线外侧绞层接触区，这部分区域容易产生破坏。

四、过滑轮工况下各层股线间应力分布

（一）过滑轮工况下各股线轴向应力仿真

扩径导线过滑轮工况下承受的载荷为拉弯扭组合工况。由于位移载荷不利于模型计算收敛，因而经过计算比较，将位移边界改为力边界。其加载模型如图 5-53 所示。轴向应力云图如图 5-54 所示。

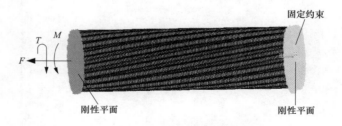

图 5-53　过滑轮工况下实体模型

在中间位置处取截面，并作其轴向应力云图，如图 5-55 所示。

从图 5-55 可得扩径导线过滑轮工况下，轴向应力分布规律为：导线外绞层－中绞层与中绞层－内绞层股线接触点处存在挤压应变，由于弯曲载荷作用，扩

径导线上凸下凹，外绞层与中绞层内靠近扩径导线凸面侧股线内侧挤压应变显著，而靠近其凹面侧的挤压应变微弱；内绞层股线内侧挤压应变显著区域沿扩径导线周向均匀分布；钢芯部分股线截面均为拉应力，钢芯处于拉伸状态，且扩径导线截面的拉伸应力极值位于钢芯内。

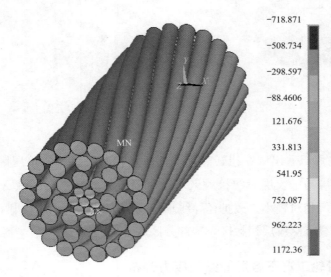

图 5-54　过滑轮工况下轴向应力云图

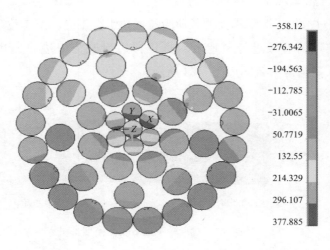

图 5-55　过滑轮工况下中间截面轴向应力图

（二）过滑轮工况下各股线径向应力仿真

过滑轮工况下，中间截面各股线径向应力，如图 5-56 所示。

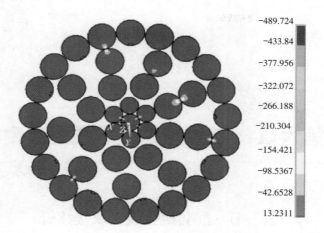

	-489.724
	-433.84
	-377.956
	-322.072
	-266.188
	-210.304
	-154.421
	-98.5367
	-42.6528
	13.2311

图 5-56　过滑轮工况下各股线径向应力图

从图 5-56 可得，截面非接触区域径向应力基本相等，相临绞层股线接触点处出现应力集中现象，而挤压应力集中现象显著区域主要位于铝股的外绞层与中绞层、铝股的中绞层与内绞层股线接触点处。

第六章 疏绞型扩径导线配套金具

第一节 配套耐张线夹及接续管

一、技术要求

GB/T 2314—2008《电力金具通用技术条件》中规定的耐张线夹、接续管应达到的技术要求有：

（1）压缩型耐张线夹及接续管握力不小于被接续导线额定抗拉力的95％。

（2）金具的导电接触面应涂导电脂，对于压缩型金具应提供防止氧化腐蚀的导电脂，填充金具内部的空隙。

（3）耐张线夹、接续管与导线连接处，应避免两种不同金属间产生的双金属腐蚀问题。

（4）耐张线夹、接续管应考虑在安装后的导线与金具原接触面处，不出现导线应力增大现象，以防止微风振动或其他导线振荡的情况下引起导线损坏。

（5）耐张线夹、接续管应避免应力集中现象，防止导线或地线发生过大的金属冷变形。

二、设计

（一）选型

导线耐张线夹是将导线连接在耐张绝缘子串上的金具，导线接续管用于架空输电线路导线的接续。耐张线夹、接续管根据连接型式的不同，通常有螺栓式、钳压式、液压式、爆压式、楔式、预绞式等几种类型，接续管按接续方法不同，接续可分为绞接、对接、搭接、插接、螺接等几种。由于液压工艺和装备的发展，液压型的耐张线夹得到广泛应用。目前我国钢芯铝绞线配套耐张线夹及接续管多为液压型，用一定吨位的液压机和规定尺寸的模具进行压接，压接后的耐张线夹及接续管产生塑性变形，使导线与金具成为一整体，使之具有足够的机械强度和良好的电气接续性能。压接管一般采用圆形，压接后为正六角形，这种形式的耐张线夹及接续管具有压力均匀、材料省、加工方便的等优点。故扩径导线配套耐张线夹及接续管均选用液压型。

　　普通导线用的液压式耐张线夹的主体为铝挤压管，一端经揿弯、压扁形成引流板，下接引流线夹。这种结构通常称为整体弯结构，便于生产，简单易用，至今仍被大量应用，如图 6-1（a）所示。有一种观点认为这种整体弯结构的弯曲处强度不高，对于较大截面导线铝管外径较大，弯曲工艺受到一定限制。在 1997 年修订的电力金具产品样本中，采用了单板直接焊在铝耐张管上的结构，如图 6-1（b）所示，这种结构在紧凑型线路运行过程中，在运行环境恶劣的风口地区，有断裂现象发生，单板直焊结构现在已被平板开圆孔环形套焊在主体上的方式所代替，如图 6-1（c）所示，本次设计采用环形套焊结构耐张线夹结构。此外，还有大截面导线常用的双板接触耐张线夹，如图 6-1（d）所示。

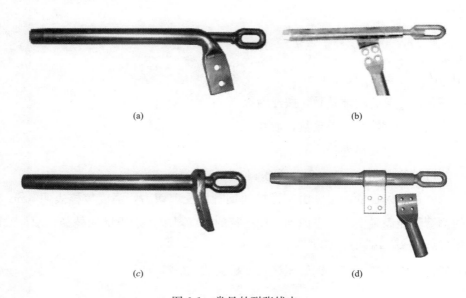

(a)　　　　　　　　　　　　　　　　(b)

(c)　　　　　　　　　　　　　　　　(d)

图 6-1　常见的耐张线夹

（a）整体弯结构耐张线夹；（b）单板焊接结构耐张线夹；

（c）环形焊套焊结构耐张线夹；（d）双板接触耐张线夹

（二）材料选择

钢芯铝绞线的钢芯一般采用钢管进行压接，为了便于压接，通常采用硬度不大于 133HB，且符合相关标准要求的碳素结构钢（Q235A 抗拉强度为 375～500MPa）或符合相关标准要求的优质碳素钢（10 号抗拉强度为 335MPa）。为便于采购及统一化，选取 Q235 为耐张线夹钢锚及接续管钢管的材料。

绞线用铝管进行压接，采用抗拉强度不低于 80MPa，且符合 GB/T 4437.1《铝及铝合金热挤压管 第 1 部分：无缝圆管》中牌号 1050A 要求的铝管，加工制作耐张线夹及接续管铝管。

（三）接续管主要参数计算

本部分以 JL(X)K/G1A-530(630)/45 疏绞型扩径导线配套接续管主要参数计算为例，对计算方法和计算用公式进行介绍。

（1）接续管钢管内径的确定。疏绞型扩径导线 JL(X)K/G1A-530(630)/45 的钢芯为 7 股钢线结构，其截面积为 43.41mm²，配套接续管钢管可选择搭接式，与对接式相比，可缩短接续管长度和减少压接量，搭接式的接续管钢管内径应能将两根钢绞线较容易的插入钢管内为原则，钢管内径根据式（6-1）计算。

$$\frac{\pi}{4}d_2^2 = K_m \left[2 \times \frac{\pi}{4}(K_u d)^2 \right]$$ （6-1）

式中　d_2——钢管内径，mm；

　　　K_m——穿管空隙系数，按经验取 1.7；

　　　K_u——钢绞线压密系数，取 0.9；

　　　d——钢绞线外径，mm。

故可计算得出 $d_2 = 1.67d$，取整得 $d_2 = 14.0mm$。

（2）钢管外径的确定。由于搭接的钢管承受剪切力，强度校核表明 4mm 厚度的钢管就能满足要求，考虑到长期运行的防腐要求，适当增加外径，取导线配套钢管外径为 24mm。

（3）钢管压接长度。钢管压接长度根据式（6-2）计算

$$L_S \geqslant \frac{T_g}{\pi d \sigma_f}$$ （6-2）

式中　T_g——钢芯计算拉断力，N；

　　　d——钢芯外径，mm；

σ_f——钢管内壁摩擦应力，根据经验取 20N/mm²。

计算得出 L_S，应不小于 94mm，由于扩径导线钢芯承受荷载较普通 630/45 钢芯大，因此根据安全性的需要，取 $L_S=110$mm。

（4）铝管内径。根据以往金具的设计经验，铝管内径一般取导线直径的 1.04 倍。由于适当增大铝管内径能降低压接引起的强度损失。本次设计时铝管内径取导线 1.05 倍，35.5mm，允许 0.4mm 的负公差。

（5）铝管外径。铝管承担铝线的拉力作用，其强度应不小于铝线的拉断力，外径按式（6-3）计算。本次扩径导线设计考虑与 630 导线压接模具通用性，按 630mm² 铝线进行设计校核。

$$\sigma_1\left[\frac{\pi D_1^2}{4}\times0.83-\frac{\pi}{4}(K_uD)^2\right]=\sigma_m\cdot\frac{\pi}{4}(K_uD)^2Q \qquad (6\text{-}3)$$

式中　D——导线外径，mm；

　　　σ_1——铝管强度，此处取 80MPa；

　　　σ_m——铝线强度，MPa；

　　　K_U——直径等价系数；

　　　Q——铝线截面与导线总截面的比值。

将相关数值代入公式计算得，$D_1=1.593D$，即铝管外径 D_1 应不小于 54.0mm，向上取整并考虑一定安全系数，取 $D_1=60.0$mm。

（6）铝管有效压接长度及拔梢长度。铝管有效压接长度一般取导线直径的 6.5 倍，研究结果表明，4.5 倍压接长度就可以有效保证握力，本次按 220mm 设计，为导线直径的 6.5 倍。

为保证耐张线夹、接续管安装后，导线与金具原接触面处不出现导线应力增大与应力集中现象，以防止微风振动或其他导线振荡的情况下引起导线损坏及防止导线或地线发生过大的金属冷变形，铝管拔梢长度一般取 1 倍导线直径，适当增加拔梢长度能够减小应力集中现象，本次拔梢长度按 60mm 长度设计。

铝管拔梢长度一般取 1 倍导线直径，适当增加拔梢长度能够减小应力集中现象，本次拔梢长度按 60mm 长度设计。

（四）耐张线夹主要参数计算

本部分以 JL(X)K/G1A-530(630)/45 疏绞型扩径导线配套耐张线夹主要参数计算为例，对计算方法和计算用公式进行介绍。

（1）钢管内径。考虑到钢芯公差及可操作性，结合设计经验，钢管内径取钢芯直径的 1.07 倍，取 $d_1 = 9.0$mm。

（2）钢管外径。钢管承担钢芯摩擦力引起的拉力，其外径按式（6-4）计算

$$\sigma_1 \left[\frac{\pi d_2^2}{4} \times K_2 - \frac{\pi}{4}(0.9d)^2 \right] = \sigma_\text{m} \cdot (0.9d)^2 \qquad (6-4)$$

式中　σ_1——钢管强度，MPa；

　　　σ_m——钢芯 1% 伸长应力，此处取 1410MPa；

　　　K_2——内接圆的百分系数（取 0.827）。

将相应数值代入公式计算得：$d_2 = 2.14d$，即钢管外径 d_2 取 18mm。

（3）钢锚拉环。钢锚拉环按 GB/T 2315—2008《电力金具标称破坏载荷系列及连接型式尺寸》中 230kN 强度等级的拉环环连接尺寸进行设计。

（4）接触面积校核。耐张线夹引流板与引流线夹采用单面接触型式，接触面积为 $100 \times 115 - 4 \times \pi \times (17.5/2)^2 = 10538$mm²，最大允许电流为 1265A，大于导线的额定载流量，满足载流要求。

三、试验

（一）握力试验

按照 GB/T 2314—2008《电力金具通用技术条件》要求，耐张线夹、接续管等金具对绞线的握力应不小于绞线计算拉断力的 95%。JL（X）K/G1A-530（630）/45 扩径导线配套耐张线夹、接续管握力试验结果见表 6-1，其握力值满足试验要求。

表 6-1　　　　　　　　　　　　握 力 试 验 结 果

金具型号	握力值（kN）	握力要求值（kN）
NY-530（630）/45K JYD-（530）630/45K	134.9	127.5
	133.8	
	133.6	

（二）温升试验

JL（X）K/G1A-530（630）/45 扩径导线配套耐张线夹和接续管的温升试验结果如表 6-2 所示，由表中数据可知，导线配套耐张线夹和接续管的温升的表面温度均显著低于导线表面温度，符合标准要求，试验合格。

表 6-2 　　　　　　　　耐张线夹及接续管温升试验结果（环境温度 19±1℃）

样品编号	型号规格	检测电流（A）	导线表面温度（℃）	样品表面温度（℃）
1	NY-530(630)/ 45A-725	1222	90.83	53.07
2				52.88
3				53.10
4				53.22
5	JYD-530(630)/ 45			58.16
6				57.72
7				58.63
8				59.33

（三）电阻试验

JL(X)K/G1A-530(630)/45 扩径导线配套耐张线夹和接续管温升前、后的接续电阻试验结果如表 6-3 所示，由表中数据可知，导线配套耐张线夹和接续管的接续电阻小于等长导线电阻，符合标准要求，试验合格。

表 6-3 　　　　　　　　　　　　耐张线夹及接续管电阻试验结果

样品编号	环境温度（℃）	型号规格	接续长度 （mm）	等长导线20℃ 时电阻（$\mu\Omega$）	实测样品20℃时 接续电阻（$\mu\Omega$）
1	19.1（温升前）	NY-530(630)/ 45A-725	920	49.22	25.62
2					26.07
1	18.5（温升后）				25.72
2					26.08
3	19.1（温升前）	JYD-530(630)/ 45	805	43.07	20.07
4					19.94
3	18.5（温升后）				20.16
4					19.99

第二节　预绞式悬垂线夹

预绞式悬垂线夹分为预绞式导线悬垂线夹与地线悬垂线夹，其作用和常规悬垂线夹相同，即将导线固定在直线杆塔的绝缘子串上或将避雷线悬挂在直线杆塔上。

常规悬垂线夹通过压板压住导线，故在压板区域导线受力较为集中，导致该区域局部应力较大。鉴于扩径导线结构形式，采用常规悬垂线夹可能对导线造成损伤。而预绞式悬垂线夹利用双曲线腰鼓形包箍包住导线于悬挂处，具有应力分散均匀、握力可靠、明显的节能特性、有效地保护导线、电晕小、质量轻、磁损小等特点，故扩径导线采用预绞式悬垂线夹以保护导线。预绞式悬垂线夹如图 6-2 所示。

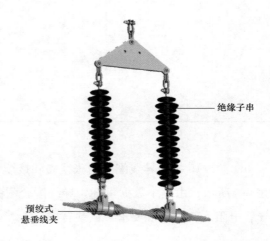

图 6-2　预绞式悬垂线夹安装示意图

一、技术要求

按照 DL/T 763—2001《架空线路用预绞式金具技术条件》及 GB/T 2314—2008《电力金具通用技术条件》，预绞式悬垂线夹的机械强度、握力、抗疲劳特性、防晕特性等应满足相关标准及工程应用技术条件，其中握力要求值根据铝绞线截面与钢芯截面比确定，如表 6-4 所示。

表 6-4　　　　　　　悬垂线夹握力与导线、地线计算拉断力百分比

绞线类别	铝钢截面比 α	百分比（％）
钢绞线、铝包钢绞线、钢芯铝包钢绞线	—	14
钢芯铝绞线	$\alpha \leq 2.3$	14
钢芯铝合金绞线	$2.3 < \alpha \leq 3.9$	16
铝包钢芯铝绞线	$3.9 < \alpha \leq 4.9$	18
钢芯耐热铝合金绞线	$4.9 < \alpha \leq 6.8$	20
铝包钢芯铝合金绞线	$6.8 < \alpha \leq 11.0$	22
铝包钢芯耐热铝合金绞线	$\alpha > 11.0$	24
铝绞线、铝合金绞线、铝合金芯铝绞线	—	24
铜绞线	—	28

二、选型

预绞式悬垂线夹主要依据 DL/T 763—2001《架空线路用预绞式金具技术条件》的要求，选择采用预绞式结构。预绞式悬垂线夹由橡胶制成的双曲线腰鼓型减振垫包裹导线、预绞丝、高强度铝合金护套，固定夹板及紧固件组成。减振垫外缠绕铝合金预绞丝，在预绞丝外装以铝合金制成的护套，如图 6-3 所示。

图 6-3　预绞式悬垂线夹示意图

三、设计

（一）预绞丝成型孔径

预绞式悬垂线夹有握力要求，当孔径 D 小于导线的直径时，预绞丝就可在导线上形成箍紧力，握紧导线，如图 6-4 所示。所以设计预绞式悬垂线夹成型孔径时，取值应比一般护线条的成型孔径略小，常规护线条的成型孔径一般为适用导线外径的 85%。例如常规适用于导线 JL/G1A-400/50-54/7 的护线条成型孔径取值为 23.46mm，对应的预绞式悬垂线夹预绞丝单丝成型孔径设计取值22.1mm。

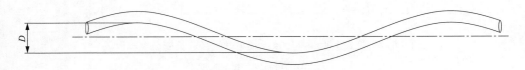

图 6-4　预绞式悬垂线夹预绞丝成型孔径示意图

（二）预绞丝节距

预绞式悬垂线夹用预绞丝的节距与耐张线夹一样，太大时箍紧力不足，将无法握紧导线；太小了则刚性不足，不能起到加强导线刚度的作用，如图 6-5 所示。故预绞式耐张线夹预绞丝单丝的节距，应按节距公式计算严格控制

$$T = \pi(D_1 + d)\cot\theta \qquad (6-5)$$

式中　T——护线条的节距，mm；

　　　θ——护线条的捻角，根据经验常取 $22°15'$；

　　D_1——导线外径，mm；

　　　d——单根护线条直径，mm。

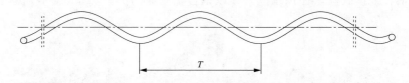

图 6-5　预绞式悬垂线夹用预绞丝节距示意图

（三）单丝直径、线夹长度、绞丝根数与最小节距数

为保证预绞式悬垂线夹选型标准的统一，根据 DL/T 763—2001《架空线路用预绞式金具技术条件》的要求，设计预绞式悬垂线夹用预绞丝的单丝直径、线夹长度、绞丝根数与最小节距数等尺寸参数，如图 6-6 所示。例如 CL-400/50 的护线条设计长度为 2083mm，单丝线径为 6.3mm，绞丝根数 15 根/组，最小节距数为 8 个。

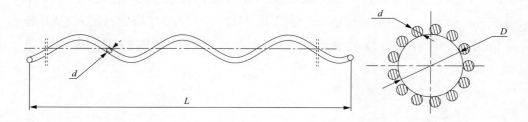

图 6-6　预绞式悬垂线夹用预绞丝单丝线径、长度、绞丝根数

d—单丝直径；L—线夹长度

（四）橡胶衬垫的设计

橡胶衬垫由橡胶瓦与高强度铝合金衬板组成，既保证了其减振与耐腐蚀性能，又满足了橡胶衬垫刚度要求，如图 6-7 所示。橡胶瓦采用可以抵御臭氧及其它极端天气的影响，并可承受压力的橡胶材料。设计橡胶衬垫尺寸满足适用绞线的要求，同时为方便安装，R 取值时与导线外径匹配，并留取安装间隙 2mm；

橡胶瓦的长度与预绞丝的节距对应,设计相邻峰点与谷点之间的距离不大于 1/2 节距。

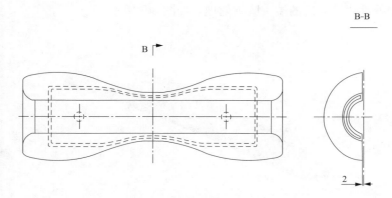

图 6-7　预绞式悬垂线夹橡胶件示意图

（五）金属护套设计与强度校核

预绞式悬垂线夹通过金属护套悬挂在绝缘子串上,预绞式悬垂线夹金属护套在设计时,主要考虑线夹船体与双曲线腰鼓型橡胶件及预绞丝的匹配。经分析,护套挂耳处为主要承载点,可按下式对挂耳处进行强度校核

$$P_{破坏} = \frac{2.05}{1 + 0.5K} F\sigma_{b}$$　　　　　（6-6）

式中　$P_{破坏}$——线夹挂耳破坏力,N;

　　　K——孔的弯曲度,$K = h/R$,h 为孔壁厚;R 为孔壁的平均半径;

　　　F——侧截面面积,mm^2,$F = ht$;t 为板件厚度。

例如适用于导线 JL/G1A-400/50-54/7 的悬垂线夹 CL-400/50,总体方案如图 6-8 所示。设计其垂直破坏载荷不小于 70kN,线夹本体材料选用 ZL104,T6 处理,抗拉强度为 235MPa。

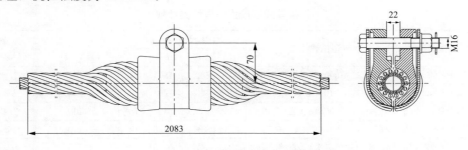

图 6-8　预绞式悬垂线夹组装图

(六)预绞丝端头

在大多数特高压线路使用中，为避免电晕及无线电干扰，预绞丝端头一般采用鸭嘴型处理代替常规的端头磨圆处理，如图6-9所示。

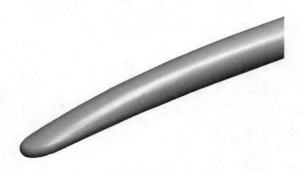

图 6-9 鸭嘴型端头

四、常用扩径导线预绞式悬垂线夹参数

按照上文所述，完成常用扩径导线预绞式悬垂线夹设计，预绞式悬垂线夹参数示意图如图6-10所示，各预绞式悬垂线夹参数见表6-5。

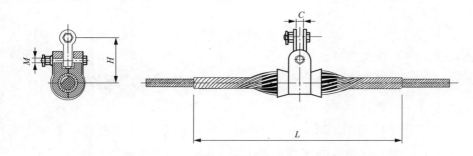

图 6-10 扩径导线预绞式悬垂线夹参数示意图

表 6-5 扩径导线预绞式悬垂线夹参数

型号	适用导线	主要尺寸（mm）				垂直标称破坏荷载（kN）	质量（kg）
		L	C	H	M		
CL-100-400/50	JLK/G1A-300（400）/50-41/7	2080	22	150	18	100	7.4
CL-100-400/50	JLK/G1A-310（400）/50-42/7	2080	22	150	18	100	7.4
CL-100-500/45	JLK/G1A-400（500）/45-40/7	2080	22	150	18	100	7.4
CL-100-720/45	JLK/G2A-630（720）/45-38/7	2235	24	141.5	18	100	12
CL-100-720/45	JLXK/G2A-630（720）/45-362	2235	24	141.5	18	100	12

第七章　扩径导线施工工艺与施工机具

第一节　施工工艺和施工机具的特点

一、施工工艺

扩径导线作为变电站母线和跳线使用时，不经过张力放线，其施工工艺主要是其与引流线夹的压接。

扩径导线作为线路导线使用时，必须经过张力放线。扩径导线张力放线通过牵张设备（主要为张力机和牵引机）对被展放的导、地线施加相对恒定的张力，使之在展放过程中始终处于悬空状态，从而避免了导、地线与地面及被跨越物的直接接触，防止导、地线磨损、散股。合理采用张力放线可以防止或降低因电晕原因造成的电量损失和电磁污染[10]。

多分裂扩径导线张力放线多采用一次或同步展放方式。同步展放指在同一放线施工段内，在保持同挡距内的放线弧垂基本相同的情况下，两套或两套以上张牵机组合展放同极子导线到达牵引场的施工方式。疏绞型扩径导线在特高压交流工程应用中多采用 8 分裂，张力放线方案可采用 $2 \times$（一牵 4）展放方式。疏绞型扩径导线施工工艺流程如图 7-1 所示。

由图 7-1 可知，与常规导线相比，疏绞型扩径导线施工工艺在张力放线工艺上无变化。但由于扩径导线的特殊截面结构，在耐张线夹及接续管的压接工艺上有所不同。

我国早在 20 世纪 70 年代就开始了扩径导线的研制与工程应用，由于扩径导线与常规导线在结构上有明显不同，外层铝线通过支撑材料支撑，铝线之间存在间隙，张力展放过程中，导线经过放线滑车时承受压力，尤其是前后两级铁塔高

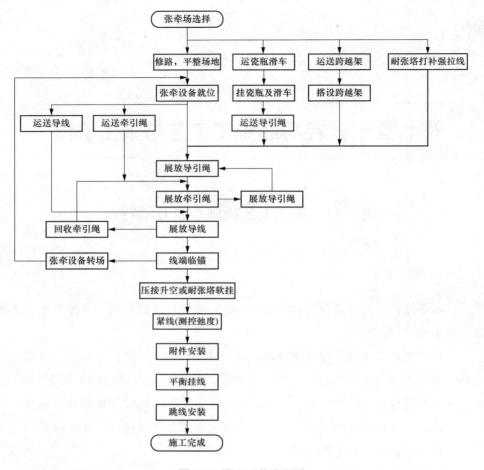

图 7-1 施工工艺流程图

差较大时，导线层间压力更大，导线易产生变形和压痕，严重时可能出现跳股现象。如我国最早研制的 LGJK-272 型扩径导线在西北电网 750kV 官亭—兰州东输电线路工程中使用时，经过展放后发现局部导线外层铝股从外线层中被挤出的现象，俗称跳股。跳股为不均匀分布，在塔位高差大的地方跳股现象严重，地形平缓的地方跳股较轻。其解决措施为：改进扩径导线的结构设计，增加其截面稳定性。为确保扩径导线的工程应用质量与安全，在各型扩径导线的研制过程中，从导线结构设计方面入手，先后研制了 JLXK/G2A-300(400)/50、LGJK-400/45、530K630 等扩径导线，解决了扩径导线稳定性问题。

为保证扩径导线大规模应用的施工质量与安全，国家电网公司和国家能源局发布了 Q/GDW 124—2005《750kV 架空送电线路 LGJK-300/50 扩径导线架线施工工艺导则》、Q/GDW 1389—2014《架空送电线路扩径导线架线施工工艺导则》及 DL/T 5318—2014《架空输电线路扩径导线架线施工工艺导则》以指导扩径导线工程施工。

二、施工机具

8×JLK/G1A-530(630)/45 疏绞型扩径导线，采用 2×"一牵四"放线，张力架线机具配置如表 7-1 所示。

表 7-1 主要架线施工机具一览表

机具名称	规格	单位	数量	备注
牵引车	乌拉尔 15t	台	2	功率：169kW；驱动形式：6×6；满载牵引力：12.2t
汽车吊	QY25	台	2	张力场
汽车吊	QY16	台	2	牵引场
主张力机	ZQT4-50	台	4	最大牵张力：4×50kN；运行牵张力：4×40kN；轮径：1500mm 状况：良好
小张力机	SAZ-20 * 1/1300	台	4	最大张力：2000kN；运行张力：1500kN；轮径：1300mm 状况：良好
主牵引机	QT-280	台	4	最大牵引力：280kN；运行牵引力：250kN；轮径：960mm 状况：良好
小牵引机	PU-035	台	4	最大牵张力：90kN；运行牵张力：70kN；轮径：450mm 状况：良好
液压机	CA1250	台	20	125t
小型飞机（无人驾驶）放线设备	PD900	套	2	最大航速：50km/h、巡航速度：20km/h、续航时间：30～40min、作业抗风能力：13m/s、单人遥控半径：1.5km、飞行载重：9kg
地线滑车	φ916 单轮	个	40	允许负载：20kN、滑轮宽：80mm、轮槽底径：810mm
光缆滑车	φ916 单轮	个	40	允许负载：20kN、滑轮宽：80mm、轮槽底径：810mm
导线滑车	φ822 五轮	个	240	挂胶、允许负载：100kN、滑轮宽：110mm；轮槽底径：710mm
压线滑车	MY-8	个	36	额定负载：80kN
高速转向滑车	SHG-916	个	40	额定负载：150 kN、外径：916mm
四线牵引走板	25t	个	8	满足技术要求
光缆走板	重锤式	个	2	额定负载：20kN
旋转连接器	SLX-3	个	12	额定负载：30kN
旋转连接器	SLX-5	个	40	额定负载：50kN
旋转连接器	SLX-25	个	10	额定负载：250kN

机具名称	规格	单位	数量	备注
抗弯连接器	SLU-3	个	90	额定负载：30kN
抗弯连接器	SLU-25	个	120	额定负载：250kN
抗弯连接器	SLU-5	个	120	额定负载：50kN
牵引绳	□28	km	40	综合破断力：540kN
导引绳	□15	km	45	综合破断力：114kN
导线网套连接器	SLW(S)-4	个	32	单头、额定负载：40kN
导线网套连接器	SLW(S)-4	个	32	双头、额定负载：40kN
地线网套连接器	SLW-2.5	个	8	单头、额定负载：20kN
光缆网套连接器		个	8	单头、额定负载：20kN
导线卡具	630 扩径	个	240	额定负载：50kN，适用于 JLK/530（630）/45 导线
光缆卡具	SKDZ-5	个	10	额定负载：20kN，光缆、地线通用
手扳葫芦	15t	个	24	固定牵、张设备用
手扳葫芦	6t	个	120	
链条葫芦	5t	个	40	
链条葫芦	3t	个	30	
压接管护套		套	120	按导线型号选用
地线压接管护套		套	20	按铝包钢绞线型号选用
高空作业平台		套	12	
软梯	14m	套	20	
锚线架		套	200	
提线器	STR-2	个	40	额定负载：2×10kN

由上表可知，与同直径常规导线用施工机具相比，扩径导线施工用张力机、放线滑车、接续管保护装置、牵引器、提线器及网套连接器等施工机具无变化；与导线无直接接触的机具也不需要变化。但由于扩径导线的特殊截面结构，扩径导线用卡线器需特制，本章将以 JLK/G1A-530（630）/45 疏绞型扩径导线配套卡线器为例，对常规卡线器对于扩径导线的适配性及扩径导线特制卡线器进行介绍。

第二节　扩径导线用卡线器

导线卡线器是架设架空线路时的关键器具之一，是电力架空线路施工及检修中常用的握线工具，主要用于架空电力线路导线的临时锚固、调整弧垂，收紧放松等操作，它的性能好坏直接影响施工安全、施工质量和施工任务的完成。

本节以 JLK/G1A-530(630)/45 扩径导线配套卡线器为例，对疏绞型扩径导线配套卡线器进行介绍。

一、卡线器额定载荷

按照 GB/T 12167—2006《带电作业用铝合金紧线卡线器》的要求，需计算卡线器额定载荷。扩径导线卡线器额定载荷 p 可按下式进行计算

$$P \geqslant 30\%RTS = 30\% \times 134.25\text{kW} = 40.275(\text{kW})$$

参考以往导线卡线器设计经验，LJK630 扩径导线卡线器额定载荷取为 45kN。

二、常规卡线器适配扩径导线试验

疏绞型扩径导线由于中间少股，普通导线适用的卡线器对扩径导线的适用性仍需试验验证。根据 Q/GDW 1389—2014《架空送电线路扩径导线架线施工工艺导则》及 GB/T 12167—2006《带电作业用铝合金紧线卡线器》的规定，选用 LJK630 型卡线器（适用于 JL/G1A-630/45 导线）与 JLK/G1A-530(630)/45 型扩径导线开展适配性试验，如图 7-2 所示。

图 7-2　常规卡线器适配性试验现场图

按照试验要求，对卡线器分别施加额定载荷及 1.5 倍额定载荷。在 1.5 倍额定载荷加载后，扩径导线与卡线器之间出现 7mm 相对滑移，如图 7-3（a）所示；卡线器末端扩径导线出现松股现象，如图 7-3（b）所示。

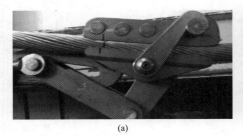

(a)   (b)

图 7-3　扩径导线卡线器试验结果

（a）相对位移；（b）松股

综上所述，将常规型 LJK630 型卡线器用于 JLK/G1A-530（630）/45 扩径导线不能满足相关规定的要求，需设计扩径导线专用卡线器。

三、扩径导线配套卡线器设计

（一）技术要求

GB/T 12167—2006《带电作业用铝合金紧线卡线器》中规定的导线卡线器应满足的技术要求有：

（1）各型铝合金紧线卡线器在额定载荷下，与所夹持的导线不产生相对滑移，不允许夹伤导线表面。

（2）各型铝合金紧线卡线器在最大试验载荷时，允许有一定的滑移量，但最大滑移量不得大于 5mm，卡线器各零件无变形，导线直径的平均值不得小于夹持前的 97%，且导线表面应无明显压痕。

（3）各型铝合金卡线器在最大静试验载荷卸载后，卡线器各零件应不发生永久变形。

（4）各型铝合金卡线器各部件联结应紧密可靠，开合夹口方便灵活。

KLQK-45 扩径导线卡线器的设计均遵循以上要求。

（二）扩径导线卡线器设计方法研究

为满足施工要求，本书采用有限元分析与试验相结合的方法，对卡线器的结构进行优化。根据普通导线卡线器的设计与制造经验，设计了两种扩径导线卡线器方案，并应用有限元方法分别对两种初步设计方案进行分析，然后针对两种初步设计方案，试制相应的卡线器样品并进行厂内试验，对有限元模型分析方法进行有效性验证。最后在两种初步设计方案的基础上，对导线卡线器结构进行优化。

（三）扩径导线卡线器基本参数

（1）扩径导线卡线器基本尺寸的确定。扩径导线卡线器的基本尺寸主要是钳口夹持弧面直径和夹持长度。根据 GB/T 12167—2006《带电作业用铝合金紧线卡线器》规定，630 导线级别卡线器钳口夹持弧面直径为 34mm，夹持长度应为 208mm。而本书研究的扩径导线卡线器对应的扩径导线直径为 33.75mm，考虑导线与夹持弧面的吻合度以及制造的方便，扩径导线卡线器采用夹持弧面直径为 34mm。同时，为了导线卡线器的可靠性，适当提高卡线器钳口夹持长度到 720 导线级别，即 280mm。故确定方案一所采用的钳口夹持长度为 273mm，方案二所采用的钳口夹持长度为 252mm。

（2）扩径导线卡线器主要尺寸的确定。卡线器的主要尺寸根据扩径导线卡线器的额定载荷以及基本尺寸确定。根据以往经验，初步确定的设计方案一和方案二的主要尺寸如表 7-2 所示。

表 7-2　　　　　　　　初步设计方案及优化后主要尺寸对照

序号	部件	方案一 （mm×mm×mm）	方案二 （mm×mm×mm）	优化后 （mm×mm×mm）
1	固定钳口	273×40×49	263×35×46	273×40×49
2	活动钳口	273×68×40	252×61×35	273×68×40
3	压板	242×50×30	186×50×25	242×50×25
4	拉板	222×36×12	222×36×10	222×36×10
5	拉环	172×94×20	150×85×20	162×77×16

导线卡线器方案一与方案二模型如图 7-4、图 7-5 所示，导线卡线器主要有本体、固定钳口、活动钳口、连环、连板以及压板组成。

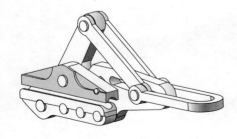

图 7-4　导线卡线器装配图方案一

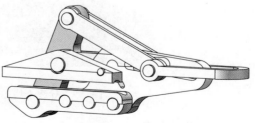

图 7-5　导线卡线器装配图方案二

（四）有限元模型

（1）材料属性定义。导线及卡线器各部件材料属性汇总如表7-3所示。

表7-3   材 料 属 性 参 数

名称	弹性模量 E(GPa)	泊松比 v	密度 ρ(g/cm^3)
铝合金	70	0.3	2.7
40Cr	206	0.28	7.9
扩径导线	65.22	0.3	2.02
AACSR/EST-500/230	97	0.3	2.02

（2）载荷和边界条件定义。现场作业时，导线一端固定，导线卡线器的载荷主要通过绳索施加在连环处。在有限元模型中，固定导线一端，为避免应力集中，将连环处的载荷力转化为平均分布在连环前方外部几何面上的均布力，导线卡线器有限元模型如图7-6所示。分网后有限元模型如图7-7所示。

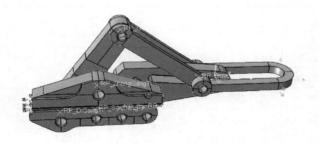

图7-6 导线卡线器有限元模型

图7-7 导线卡线器网格划分模型

（五）计算结果

导线卡线器所用材料的力学性能如表7-4所示。

表 7-4 材料力学性能参数

名称	屈服强度（MPa）	抗拉强度（MPa）
铝合金 7A04	370	490
铝合金 2A12	380	450
40Cr	785	980

按照相关标准对卡线器分别施加额定载荷，1.5 倍额定载荷，2 倍额定载荷，2.5 倍额定载荷，3 倍额定载荷进行分析计算，方案一、方案二卡线器计算结果如表 7-5 所示。3 倍额定载荷下，方案一卡线器整体应力及位移分布云图如图 7-8、图 7-9 所示。

图 7-8 导线卡线器应力分布云图

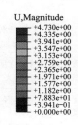

图 7-9 导线卡线器位移分布云图

表 7-5 有限元计算结果汇总

方案	载荷系数	施加载荷（kN）	卡线器		导线	
			最大应力（MPa）	最大位移（mm）	最大应力（MPa）	最大位移（mm）
方案一	1.0	45	123.3	1.615	25.61	0.1978
	1.5	67.5	174.9	2.4000	36.45	0.2470
	2.0	90	212.9	3.188	61.35	0.3002
	2.5	112.5	269.0	3.972	78.74	0.3561
	3.0	135	325.0	4.730	79.99	0.4165

方案	载荷系数	施加载荷 (kN)	卡线器		导线	
			最大应力 (MPa)	最大位移 (mm)	最大应力 (MPa)	最大位移 (mm)
方案二	1.0	45	158.8	2.199	83.24	0.3367
	1.5	67.5	236.8	3.283	125.2	0.4153
	2.0	90	333.7	4.358	195.3	0.5306
	2.5	112.5	420.5	5.428	240.7	0.6501
	3.0	135	501.8	6.534	294.4	0.7762

由表 7-5 可知，方案一卡线器仿真计算结果均在导线卡线器所用材料的力学性能参数允许的范围内，卡线器与导线咬合紧密，基本无滑移，满足使用要求，符合国家标准要求。方案二卡线器在施加 3 倍额定载荷时，活动钳口处的应力已超过铝合金 7A04 的抗拉强度，不满足使用要求，不符合国家标准要求。

在有限元分析的基础上，为了更加全面地对两种导线卡线器设计方案进行分析，按照设计图纸，对两种设计方案各试制两件导线卡线器样品，方案一样品质量为 10kg，方案二卡线器重 7.6kg，对其进行型式试验，试验结果数据如表 7-6 所示。

表 7-6　　　　　　　　　　　　　　卡线器样品试验结果汇总

方案	载荷系数	额定载荷 (kN)	试验载荷 (kN)	保持时间 (min)	试验用夹持导线	导线表面质量，试件情况
方案一	1.0	45	45	5	JLK/G1A-530(630)/45 扩径导线	无相对滑移，无明显压痕，卸载后试件灵活
	1.5	45	67.5	5		无相对滑移，轻微压痕（注），卸载后试件灵活
	2.0	45	90	5	AACSR/EST-500/230 高强钢芯铝合金绞线	无相对滑移，卸载后试件灵活
	2.5	45	112.5	5		
	3.0	45	135	5		卸载后，试件仍灵活，未破坏
方案二	1.0	45	45	5	JLK/G1A-530(630)/45 扩径导线	无相对滑移，无明显压痕，卸载后试件灵活
	1.5	45	67.5	5		扩径导线断
	2.0	45	90	5		扩径导线断
	2.5	45	112.5	5	AACSR/EST-500/230 高强钢芯铝合金绞线	无相对滑移，卸载后试件灵活
	3.0	45	135	5		卡线器上钳口断（2 把都断在中间）

注　由于扩径导线较软，故卡线器的夹持钳口采用微细纹，以保证及提高夹持效果。卸载后检查，导线上留有微细纹压痕，用细砂布稍打磨可消除。

通过上述有限元计算结果和现场试验结果可知，方案一导线卡线器满足要求，符合国家标准要求。方案二卡线器加载 3 倍额定载荷时，活动钳口处应力过大，发生断裂，不满足要求。

（六）优化设计

综上所述，方案一导线卡线器满足要求，但是其质量偏大，为 10kg。故对卡线器进行优化，在保证卡线器功能满足使用要求及相关标准要求的前提下，适当减轻卡线器质量。优化后卡线器主要尺寸改动如表 7-2 所示。

优化后卡线器有限元分析过程与方案一、方案二相同，有限元计算结果汇总如表 7-7 所示。

表 7-7　　　　　　　　　　优化后导线卡线器有限元计算结果汇总

序号	载荷系数	试验载荷（kN）	卡线器		导线	
			最大应力（MPa）	最大位移（mm）	最大应力（MPa）	最大位移（mm）
1	1.0	45	123.4	1.694	24.01	0.1969
2	1.5	67.5	197.6	2.544	38.07	0.2321
3	2.0	90	280.5	3.396	65.38	0.2678
4	2.5	112.5	338.7	4.171	89.28	0.3057
5	3.0	135	381.5　402.5	4.958	101.5	0.3436

注　3 倍额定载荷试验时，活动钳口处最大应力为 381.5MPa，连环处最大应力为 402.5MPa。

综上所述，优化后导线卡线器各部件有限元计算结果均在所用材料的力学性能参数允许范围内，满足使用要求，符合国家标准要求。按照优化设计图纸，试制两件导线卡线器样品，样品质量为 8.9kg，对其进行型式试验，结果数据如表 7-8 所示。

表 7-8　　　　　　　　　　现场试验结果汇总

序号	载荷系数	额定载荷（kN）	试验载荷（kN）	保持时间（min）	试验用夹持导线	导线表面质量，试件情况
1	1.00	45	45	5	JLK/G1A-530（630）/45 扩径导线	卡线器与夹持的导线无相对滑移，没有夹伤导线表面，卸载后卡线器拆装自如
2	1.50	45	67.5	1		卡线器与夹持的导线无相对滑移，各零件无变形，导线直径的平均值夹持后大于夹持前 98.79%，卸载后卡线器拆装自如

序号	载荷系数	额定载荷（kN）	试验载荷（kN）	保持时间（min）	试验用夹持导线	导线表面质量，试件情况
3	2.00	45	90	5	AACSR/EST-500/230 高强钢芯铝合金绞线	卡线器钳口与导线在纵横方向均无明显相对滑移，卸载后卡线器拆装自如
4	2.50	45	112.5	5		卸载后卡线器各零件无永久变形，卡线器拆装自如
5	3.00	45	135	5		卸载后卡线器未破坏，拆装自如，安全系数不小于3

综上所述，有限元分析结果与试验结果基本吻合，优化后卡线器满足使用要求，符合国家标准要求，且质量较轻为 8.9kg，给现场施工带来便利。

优化后扩径导线卡线器与 LJK630 型常规导线卡线器在钳口加持弧面直径、夹持长度和质量等方面的对比，如表 7-9 所示。

表 7-9　　　　　　　　扩径导线卡线器与常规导线卡线器对比

参数	扩径导线卡线器	常规导线卡线器
适用导线直径（mm）	630	630
钳口夹持弧面直径（mm）	34	34
夹持长度（mm）	273	208
质量（kg）	8.9	7.0

由表 7-11 可知，与同直径常规导线用卡线器相比，扩径导线用卡线器由于扩径导线的特殊截面结构，在夹持长度上明显增加，故其质量也有所提高，但是通过优化设计将其质量控制为 8.9kg，便于现场施工。

第三节　线路用扩径导线压接工艺

虽然之前线路用扩径导线已有一些经验积累，但是用量不大，且局限于西北地区。由于 JLK/G1A-530(630)/45 型扩径导线在浙北—福州 1000kV 特高压线路中进行了应用，而且用量很大。该线路标段长、地形较多，包括平丘、山地、高山及覆冰区。通过该线路工程施工，对线路用扩径导线施工技术经验有了更多的实践和经验总结。

本书以 JLK/G1A-530(630)/45 扩径导线压接工艺为例，对线路用扩径导线压接工艺等内容进行介绍。

一、传统压接方法弊端

由于导线截面、铝钢比、压接铝管直径、长度及压接后铝管伸长量等诸多不确定因素，采用传统压接方法压接的扩径导线时会发生较为严重的松股现象，如图 7-10 所示。放线后松股仍不能消除，如图 7-11 所示。

图 7-10　压接引起的导线松股

图 7-11　放线后导线松股

导线松股后使各股铝线受力不均匀，可能影响绞线整体抗拉强度，如有突起严重的数根单线会导致电场变化，降低导线起晕电压。松股后导线外观质量差，不能满足施工验收质量标准的要求。因此，应采取合理的工艺避免压接引起导线松股。

二、倒压与顺压定义

本书结合交流特高压同塔双回线路扩径导线压接的经验，并根据 Q/GDW 571—2010《大截面导线压接工艺导则》，推荐耐张线夹采用"倒压"、接续管采用"顺压"的压接工艺。该工艺已经在淮南—上海交流特高压线路工程 JLK/G1A-530(630)/45 扩径导线展放试验中得到了应用，有效保证了工程质量，取得了良好的效果。

（一）耐张线夹"倒压"的定义

"倒压"是相对于原液压规程耐张线夹铝管的压接方向而言，指耐张线夹铝管的压接顺序是从导线侧管口开始，逐模施压至同侧不压区标记点，隔过"不压区"后，再从钢锚侧不压区标记点顺序压接至钢锚侧管口。"倒压"工艺只针对耐张线夹的压接，不涉及接续管的压接。

（二）接续管"顺压"的定义

"顺压"是相对于原液压规程中接续管铝管的压接方向而言，指接续管铝管的压接顺序是从牵引场侧管口开始，逐模施压至同侧不压区标记点，跳过"不压区"后，再从另一侧不压区标记点顺序压接至张力场侧管口。"顺压"工艺只针对接续管的压接，不涉及耐张线夹的压接。

三、耐张线夹"倒压"主要操作步骤

（一）导线剥线

量取一定长度并切断铝线，注意不要伤及钢芯。剥线长度＝钢管深度（压接长度)＋钢管压接伸长量＋25mm，如图 7-12 所示。

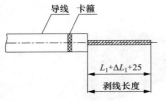

图 7-12　导线剥线

（二）穿入钢锚后压接钢管

将钢芯向耐张线夹钢锚管口穿入。穿入时应顺绞线绞制方向旋转推入，直至钢芯穿至管底，如图 7-13 所示，如剥露的钢芯已不呈原绞制状态，应先恢复其至原绞制状态。

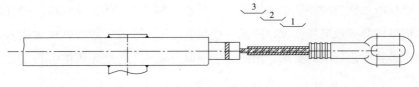

图 7-13　钢锚压接

（三）插丝

铝管穿管前需对扩径导线进行插丝，插丝用铝单丝需为同层铝单丝，插铝单丝总面积数需达到所抽铝单丝面积总数的 70%。各类型导线最大插丝数如表 7-10 所示。

表 7-10　　　　　　　　　　　压 接 插 丝 数

序号	绞线型号	最大插丝线股数
1	JLXXK/G1A-530/45-42/7-33.75	6
2	JLXK/G1A-530/45-42/7-33.71	6
3	JLK/G1A-530/45-38/7-33.75	5
4	JLXK/G1A-530/45-38/7-33.71	3

（四）铝管穿管及预偏

将铝管穿至极限位置后根据预偏量往回预偏一定距离，如图 7-14 所示。

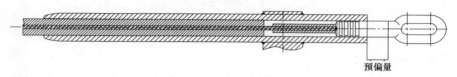

图 7-14　铝管穿管并预偏

（五）铝管压接

从导线侧管口处开始压接，逐模施压至不压区标记，隔过不压区，再从另一侧不压区标记逐模压至钢锚侧管口，如图 7-15 所示。

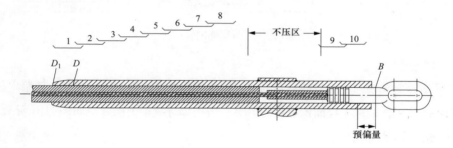

图 7-15　耐张线夹压接

四、接续管"顺压"主要操作步骤

（一）导线剥线

搭接接续管：量取一定长度并切断铝线，注意不要伤及钢芯。剥线长度＝钢管长度 L_1 ＋钢管压接伸长量 ΔL_1 ＋25mm，如图 7-16 所示。

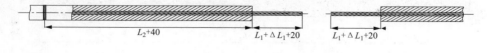

图 7-16　导线剥线

（二）钢管穿管

搭接接续管：将已剥露的钢芯表面残留物全部清擦干净后，使钢芯呈散股扁圆形，自钢管口一端下侧向钢管内穿入后，另一端钢芯也呈散股扁圆形自钢管另一端上侧向钢管内穿入，注意是相对搭接穿入不是插接，直穿至两端钢芯在钢管管口露出 12mm 为止，如图 7-17 所示。

图 7-17　搭接接续管钢管穿管

（三）钢管压接

首先检查接续管钢管内钢芯是否符合穿接续管钢管的要求，第一模压模中心应与接续管钢管中心相重合，然后分别依次向管口端连续施压。一侧压至管口后再压另一侧，如图 7-18 所示。

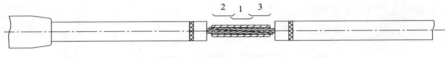

图 7-18　接续管钢管压接

（四）插丝

铝管穿管前需对扩径导线进行插丝，插丝用铝单丝需为同层铝单丝，插铝单丝总面积数需达到所抽铝单丝面积总数的 70%。各类型导线最大插丝数如表 7-10 所示。

（五）铝管穿管

首先将铝管中心与钢管中心对齐的位置在铝管管口处做出标记。然后根据铝管总伸长量的一半为偏移量向牵引场侧偏移，如图 7-19 所示。

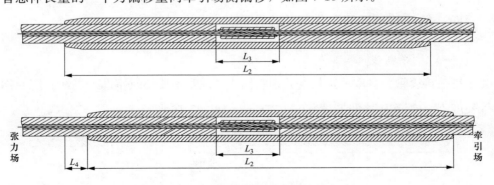

图 7-19　接续管铝管穿管并预偏

（六）铝管压接

从牵引场侧管口开始压第一模，逐模向张力场侧施压至同侧压接标记，跳过不压区后，再从另一侧压接标记逐模施压至张力场侧管口，如图7-20所示。

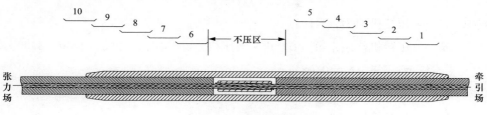

图7-20　接续铝管压接

五、压接设备

（一）压接机

应根据导线接续管、耐张线夹、引流线夹及钢锚的外形尺寸，选择与之相匹配的铝模、钢模及压接机的类型。接续管钢管及耐张线夹钢锚压接时，可选用1000、2000、2500、3000kN压接机及配套模具，在接续管和耐张线夹的铝管压接时，应选用2000kN及以上的专用压接机及配套模具。

建议在张力场配置2500kN压接机，以提高压接效率及压接质量；高空压接操作时，配置2000kN压接机。压接机主要参数见表7-11。

表7-11　　　　　　　　　　　　压 接 机 主 要 参 数

设备名称	参数		压接机		
			2000kN	2500kN	3000kN
压接机 （液压钳头）	最大压接直径 （mm）	铝管	φ84	φ95	φ110
		钢管	φ54	φ58	φ60
	压接行程（mm）		25	50	52
	最大油压（MPa）		94	94	94
	重量（kg）		85	145	126（216）
液压泵站	功率（kW）		2.94	/	/
	最大油压（MPa）		94	/	/
	最大油压（MPa）		80	/	/
	重量（kg）		60	/	/

（二）压接模具

压接模具选用需与液压机型号相匹配，模具对边距 S 推荐值见式（7-1）。

$$S = 0.866D^{-0.1}_{-0.2} \qquad (7-1)$$

式中 D——对应铝管、钢管标称外径，mm。

压口长 L 值可按式（7-2）计算

$$L = \frac{kP}{HB \cdot D} \tag{7-2}$$

式中 P——压接机出力，N；

   k——压接机使用系数（1000kN 液压机：$k=0.09$；2000、2500、3000kN 液压机：$k=0.08$）；

   HB——压接管材料的布氏硬度，N/mm^2；

   D——压接管标称外径，mm。

六、压接现场用其他工具

（一）测量工具

压接现场应配备游标卡尺、钢直尺或钢卷尺。

在测量直线接续管、耐张线夹和引流线夹的内、外直径时，需使用精度不低于 0.02mm 的游标卡尺，读到小数点后两位。

进行长度测量时可采用钢卷尺或钢板尺，测量数据精确到毫米。

（二）其他工具

压接现场还应配备导线卡箍、液压管校直设备、砂轮锯或手工锯、断线钳、耐张线夹引流板角度定位尺等必要工具。

七、压接工艺质量检验等级评定

工艺评定内容包括：

（1）握着力值达到相应标准的要求。

（2）压接管弯曲符合相应标准要求。

（3）压接后导线无明显的松股、背股。

八、注意事项

综上所述，为保障扩径导线压接质量，避免出现扩径导线松股、背股等问题，扩径导线压接过程中还应注意以下几点：

（1）导线受压部分应圆整完好，距管口 15m 范围内不存在应处理的缺陷。

（2）在切割导线前应先将导线校直，并加卡箍防止导线松散。切割导线时应与轴线垂直，且切割导线铝股时严禁伤及钢芯，切口应整齐。铝线切割长度（剥线长度)＝钢管深度(压接长度)＋钢管压接伸长量＋25mm。

（3）使用割线器注意不能将导线端头压扁或使单丝铝股产生飞边，最好使用旋转式割线器或者用手工锯断。

（4）压接断线时应采取防止导线松股及端头变形的措施。

（5）由于预偏量与铝管的压接长度、导线扩径比、压接时采用的压接机吨位（压接模具的有效宽度）、压接操作时每两模之间的搭模宽度、实际压接部分长度、压接管表面状况等多个因素有关，故对每一个规格的扩径导线应先进行试验掌握伸长量后确定预偏量。

（6）压接前的一般操作：

1）清洗：接续管、耐张线夹和引流线夹在使用前应清洗管内壁的油垢，并清除影响穿管的焊疤与焊渣。清洗后短期内不使用时，应将管口临时封堵，并以包装物加以封装。

2）涂抹电力脂：电力脂应均匀涂在外层铝绞线上，涂抹长度应不大于铝管压接部分长度。

3）疏绞型扩径导线压接前导线端部的制作：疏绞型导线邻外层铝线之间的间隙较大，应向间隙内插入若干根铝线，插入的铝线数量不得少于缺股根数的70%，插入的铝线应从同层铝线中选取，并保证螺旋形状不变形。建议配备比实际使用的导线铝股稍细一些的铝股线，便于压接管填充操作。插入长度约等于压接段的长度。

（7）压接操作控制要点：

1）压接时，操作人员应站于压接机侧面平视压模，在压接机两边均应有人将导线托至与压模平行，以保证管子不被压弯和导线不散股。压接的位置应预先确定并做记号，以确保压接部位准确无误。

2）液压机的操作必须使每模都达到规定的压力，而不以合模为压好的标准。由于金属在塑性变形过程中，具有一定的弹性，故在压接过程中，压力的传递也需要时间，即压力升到规定值时应保持3～4s，压接管应压出飞边，使之符合对边距值，从而使压缩比满足要求。

3）模间重叠

压接时自第二模起，每次压缩应重叠前一压模长的1/3。耐张管压好后，产生的弯曲度超过规定值（2%）时，应进行矫正。压缩后的耐张管应清除飞边毛刺，检查是否有裂纹。出现裂纹时，应切除后重新进行接续。

4）多模压接应连续完成。

（8）压后处理：

1）液压完成后，首先检查弯曲度，液压后铝管的弯曲度不应超过 2.0％，必要时校直处理。校直后铝管不应出现裂纹。直线接续管的弯曲程度还必须保证不影响保护钢甲的正常安装。

2）当压接管压完后有飞边时，应将飞边锉掉，铝管应锉为圆弧状，同时用细砂纸将锉过处磨光。管子压完后因飞边过大而使对边距尺寸超过规定值时，应将飞边锉掉后重新施压。

3）钢管压后凡有锌皮脱落现象，不论是否裸露于外，应涂富锌漆以防生锈。

九、试验

（一）握力试验

按照 GB/T 2314—2008《电力金具通用技术条件》的要求，压缩型金具（耐张线夹、接续管）对绞线的握力应不小于绞线计算拉断力（RTS）的 95％，JL（X）K/G1A-530(630)/45 导线额定拉断力为 134.25kN，金具握力值要求为 127.54kN。

握力试验依据 GB/T 2317.1—2008《电力金具试验方法 第 1 部分：机械试验》在 1000kN 电液伺服卧式拉力机上进行，试验结果由计算机自动记录并保存，导线握力试验样品为两端耐张线夹、中间接续管的组件。

首先对 3 号导线进行握力试验，根据压接导则，3 号导线最多需插丝 5 根，试验分别对比了插丝 5 根与不插丝两种方案的握力，具体见表 7-12。由表 7-12 可知，插丝与否对金具握力值影响不大，且握力值均满足试验要求。

表 7-12　　　　　　　　　　　　3 号导线握力值

金具型号	配套导线型号	插丝握力值（kN）	不插丝握力值（kN）
NY-530（630）/45K JYD-（530）630/45K	3 号	134.9	133.5
		133.8	134.2
		133.6	133.1

在对 1 号、2 号和 4 号导线进行压接时，发现铝管穿管十分困难，因为导线在铝管穿管旋转时，疏绞支撑型线单丝在截面方向会有所偏转，导致导线直径略微扩大。针对这种情况，将耐张线夹与接续管铝管内径由 35.5mm 放大至 36mm，示意图如图 7-21 所示。

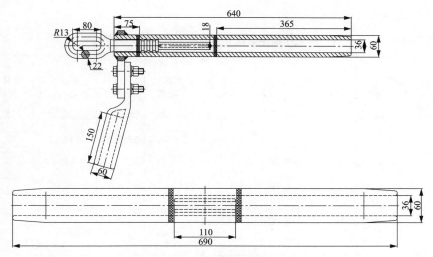

图 7-21　优化后的耐张线夹与接续管示意图

对优化后的耐张线夹与接续管，基于四种疏绞型扩径导线 JL(X)K/G1A-530 (630)/45 试件进行了握力试验，结果如表 7-13 所示，试验结果均大于额定抗拉力的 95％。

表 7-13　　　　　　　　　　　耐张线夹和接续管握力试验结果

导线类型	要求握力值（kN）	实际握力值（kN）		
1 号	≥127.54	129.1	135.7	134.1
2 号		134.3	131.5	129.0
3 号		136.2	135.9	136.0
4 号		135.6	131.6	139.0

（二）金具握力保留率

从表 7-13 试验数据可以看出，扩径导线握力值均达到其导线额定拉断力的 95％。由于导线的绞后单丝强度均高于标称值，因此可以将导线铝单线实际平均强度值与钢芯 1％ 伸长拉应力作为握力分析对象。

金具与导线液压连接后会产生一定的强度损失，为便于分析金具握力与导线强度之间的关系，定义导线的累加拉断力和金具握力保留率如下：

累加拉断力＝实测铝线平均强度×铝线标称截面积＋实测钢线 1％ 伸长时应
　　　　　力×钢线标称截面积

金具握力保留率＝金具握力试验值÷累加拉断力

根据导线累加拉断力和金具握力保留率计算方法得到四种扩径导线握力最小

保留率，如表 7-14 所示。

表 7-14　　　　　　　　　　四种导线握力数据分析值

导线型号	额定抗拉力（kN）	要求握力（kN）	组号	实际握力（kN）	抗拉平均值	钢芯1%伸长时应力（MPa）	累加拉断力（kN）	金具握力保留率
1号	134.25	≥127.5	1	129.10	168.00	1225.00	144.17	0.896
			2	135.70				0.941
			3	136.20				0.945
2号	134.25	≥127.5	1	134.30	184.00	1233.00	153.01	0.932
			2	131.50				0.912
			3	129.00				0.895
3号	134.25	≥127.5	1	136.20	176.00	1210.00	147.73	0.945
			2	135.90				0.943
			3	136.00				0.943
4号	134.25	≥127.5	1	135.60	168.00	1216.00	143.76	0.941
			2	131.60				0.913
			3	139.00				0.964

本书同时对比了五个不同盘号的 JL/G1A-630/45 导线的握力保留率，如表 7-15 所示。相较 JL/G1A-630/45 导线的耐张与接续铝管，本书对扩径导线所使用的压接管进行了优化。由表 7-14 与表 7-15 可知，扩径导线配套金具的握力保留率明显高于未经优化的 JL/G1A-630/45 导线配套金具的握力保留率。

表 7-15　　　　　五个不同盘号的 JL/G1A-630/45 导线握力数据分析值

导线	额定抗拉力（kN）	要求握力（kN）	组号	实际握力（kN）	抗拉平均值	钢芯1%伸长时应力（MPa）	累加拉断力（kN）	握力保留率
1号			1	152.30	180.00	1275.00	170.78	0.892
			2	153.80				0.901
			3	150.50				0.881
2号			1	154.30	183.00	1275.00	172.67	0.904
			2	152.00				0.890
			3	149.00				0.872
3号	150.45	≥142.9	1	152.50	183.00	1262.00	172.08	0.893
			2	154.10				0.902
			3	153.60				0.899
4号			1	153.30	174.00	1273.00	166.91	0.898
			2	154.00				0.902
			3	152.90				0.895
5号			1	151.60	183.00	1264.00	172.17	0.888
			2	152.40				0.892
			3	151.10				0.885

第四节　变电站用扩径导线压接工艺

国内 750kV 线路工程及交流特高压变电站用扩径导线为 JLHN58K-1600 型铝管支撑扩径导线，其截面示意图如图 1-5 所示。如上文所述，变电站用扩径导线施工工艺的主要关注点集中在引流线夹压接。本书以 JLHN58K-1600 导线引流线夹压接为例，对铝管支撑型扩径导线引流线夹压接步骤进行说明：

（1）用汽油清洗引流线夹内壁。

（2）修整导线端部，截面应与导线垂直。导线端部进行校直。

（3）旋入钢棒，钢棒的节距应与波纹管的一致。钢棒端部与导线截面齐平，如图 7-22 所示。

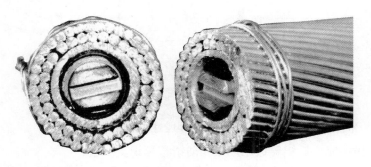

图 7-22　插钢管后导线截面情况

（4）铝线端头处用锉子锉出一个倒角以方便穿管（如穿管方便此步骤可省略）。

（5）用汽油清洗导线表面，清洗准备穿入铝管的那段导线表面，导线表面清洗长度不小于 200mm。待汽油干燥后，将电力脂薄薄地均匀涂在导线表面，涂抹长度不小于 170mm。用钢丝刷沿导线轴线方向对已涂电力脂部分进行擦刷，应使液压后与铝管接触的导线表面全部刷到。

（6）从导线端头向内量 150mm 在此处用记号笔做穿管印记。

（7）松开卡箍将接续管铝管穿入清洗并涂抹了导电脂的这段导线，穿至导线穿线印记（距导线端头 150mm 处），再用卡箍（或钢丝）将导线扎牢，如图 7-23 所示。

（8）压接铝管。压接铝管时应注意，压接前应检查穿管印记与管口是否重合。压接时每后一模重叠前一模的 5～8mm。压接时每模合模后（参考压力 80MPa），保持 3～4s，再卸荷。压接顺序如图 7-24 所示，第一模压从铝管端头开始，然后分别依次向引流板端连续施压。直至压接印记（距铝管端口 150mm 处）。

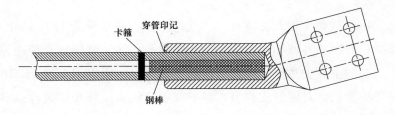

图 7-23　引流线夹穿管示意图

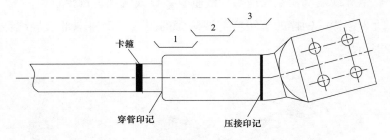

图 7-24　钢管压接图

（9）测量压接后铝管长度，对边距等尺寸并记录。

（10）压接完毕后铝管口用油漆作防滑移标识。

（11）压接操作人员在铝管上打钢印（如果需要）。

（12）监理人员旁站记录（如果需要）。

附录 疏绞型扩径钢芯铝绞线导线参数

附表1　圆线疏绞型扩径钢芯铝绞线参数表

规格	面积 (mm²) 铝	面积 (mm²) 钢	面积 (mm²) 总和	总根数	铝线 根数/直径 (mm)	钢线 根数	钢线 直径 (mm)	导线直径 (mm)	单位长度质量 (kg/km)	额定拉断力 (kN) JLK/G1A	JLK/G2A	JLK/G3A	20℃直流电阻 (Ω/km)	扩径比	临界跳股张力 (%RTS)
310(400)/50*	310.90	51.82	362.72	42	8/3.07+10/3.07+24/3.07	7	3.07	27.63	1265.3	108.30	115.56	122.81	0.0931	1.29	28
320(400)/50	325.70	51.82	377.52	44	9/3.07+11/3.07+24/3.07	7	3.07	27.63	1305.9	110.74	118.00	125.25	0.0888	1.25	32
335(400)/50	340.51	51.82	392.33	46	10/3.07+12/3.07+24/3.07	7	3.07	27.63	1346.6	113.19	120.44	127.70	0.0849	1.19	35
390(500)/45	396.97	43.10	440.07	39	8/3.60+9/3.60+22/3.60	7	2.80	30.00	1433.7	112.65	118.68	124.29	0.0728	1.28	26
400(500)/45*	407.15	43.41	450.56	40	8/3.60+10/3.60+22/3.60	7	2.81	30.03	1464.1	114.63	120.71	126.35	0.0710	1.25	28
415(500)/45	427.51	43.10	470.61	42	9/3.60+11/3.60+22/3.60	7	2.80	30.00	1519.8	117.54	121.85	129.17	0.0677	1.20	31
490(630)/45	487.69	43.41	531.10	35	8/4.23+6/4.23+21/4.20	7	2.81	33.75	1687.3	127.52	133.60	139.24	0.0593	1.29	25
500(630)/45	501.74	43.41	545.15	36	8/4.23+7/4.23+21/4.20	7	2.81	33.75	1726.0	129.77	135.84	141.49	0.0576	1.26	29
530(630)/45*	529.85	43.41	573.26	38	8/4.23+9/4.23+21/4.20	7	2.81	33.75	1803.4	134.26	140.34	145.98	0.0545	1.19	32

规格	面积 (mm²) 铝	钢	总和	总根数	铝线 根数/直径 (mm)	钢线 根数	钢线 直径 (mm)	导线直径 (mm)	单位长度质量 (kg/km)	额定拉断力 (kN) JLK/G1A	JLK/G2A	JLK/G3A	20℃直流电阻 (Ω/km)	扩径比	临界跳股张力 (%RTS)
550(630)/45	557.95	43.41	601.36	40	8/4.23+11/4.23+21/4.20	7	2.81	33.75	1880.8	138.76	144.84	150.48	0.0518	1.15	33
580(720)/50	599.81	50.14	649.95	36	8/4.71+7/4.71+21/4.53	7	3.02	36.96	2049.7	151.12	158.14	165.16	0.0482	1.24	25
600(720)/50	617.23	50.14	667.37	37	8/4.71+8/4.71+21/4.53	7	3.02	36.96	2097.7	153.91	160.93	167.95	0.0468	1.20	29
630(720)/45*	634.66	43.41	678.07	38	8/4.71+9/4.71+21/4.53	7	2.81	36.33	2093.1	151.03	157.11	162.75	0.0455	1.14	32
725(900)/40△	725.21	38.90	764.11	58	9/3.99+11/3.99+11/3.99+27/3.99	7	2.66	39.90	2317.1	160.38	165.83	170.88	0.0400	1.24	15

* 工程已选用型号规格；△作为架空跳线线使用。

附表 2 外层圆线、支撑层型线的疏绞型扩径钢芯铝绞线参数表

规格	面积 (mm²) 铝	钢	总和	铝线 直径 (mm)	钢线 根数	钢线 直径 (mm)	导线直径 (mm)	单位长度质量 (kg/km)	额定拉断力 (kN) JLXK/G1A	JLXK/G2A	JLXK/G3A	20℃直流电阻 (Ω/km)	扩径比	临界跳股张力 (%RTS)
630(800)/65	632.02	66.58	698.60	6/4.72(TW)+6/4.72(TW)+8/4.72(TW)+30/3.46	7	3.48	38.28	2273.0	175.77	185.09	194.41	0.0459	1.27	28
720(900)/75	729.69	74.86	804.55	6/5.0(TW)+7/5.0(TW)+8/5.0(TW)+30/3.67	7	3.69	40.59	2608.5	199.10	204.34	217.06	0.0397	1.25	28
800(1000)/80	807.82	81.71	889.53	8/4.72(TW)+8/4.72(TW)+10/4.72(TW)+30/3.87	19	2.34	42.82	2880.9	222.40	233.84	244.46	0.0359	1.25	25
920(1120)/90	924.10	91.04	1015.14	8/4.99(TW)+8/4.99(TW)+11/4.99(TW)+30/4.10	19	2.47	45.31	3276.5	251.64	264.39	276.22	0.0314	1.22	28

参 考 文 献

[1] 万建成，刘臻，孙宝东，等. 扩径导线的分类与扩径方式的选择 [J]. 电力建设，31（6），2010：113-118.

[2] 万建成，等. 架空导线应用技术 [M]. 北京：中国电力出版社，2015.

[3] 张禄琦，等. 扩径导线在特高压交流输电线路工程中的应用 [J]. 电力建设，33（8），2012：：92-95.

[4] 万建成，等. 一种结构稳定的大截面扩径导线设计 [J]. 电力建设，34（10），2013：92-96.

[5] 刘斌，等. 1000kV 特高压输电线路用扩径导线的研制 [J]. 电器工业. 3，2010：45-51.

[6] 毕庶达，等. 750kV 输电线路扩径导线跳股原因分析 [J]. 电力建设，27（9）2006：2-3.

[7] 万建成，等. 扩径导线结构稳定性评估体系 [J]. 中国电力，48（6），2015：86-93.

[8] 万建成，等. 扩径导线的参数化有限元建模 [J]. 电力科学与工程，31（7），2015：74-78.

[9] 万建成，等. 疏绞型扩径钢芯铝绞线系列化研究 [J]. 中国电力，48（8），2015：104-109.

[10] 王洪英，栾勇. 750kV 线路六分裂扩径导线展放工艺探讨 [J]. 电力金具. 1，2006：25-26.

索　引

后　　记

随着我国电网建设的不断加强，在输电工程设计、建设与运行方面，对提高线路乃至电网在输送能力、抗故障能力、降低对自然环境影响及电磁环境、降低工程造价等方面提出了更高要求。扩径导线的研究与应用是实现建设"资源节约型、环境友好型"工程的重要途径之一。

与同等铝截面的导线相比，扩径导线具有更大的直径，具有电晕损耗减小、电晕所派生的无线电干扰和可听噪声减小等特点。而在全寿命周期内，在电价较低、损耗小时数较小时，扩径导线具有优于普通导线的经济性。因此，在满足输电容量和线路工程要求的前提下，使用扩径导线能节省导体材料，进而减少铁塔载荷和结构重量。扩径导线主要适用范围为特高压线路、高海拔地区以及人口密集的地区。

截至目前，我国先后研制十余个规格型号的扩径导线，在 330kV 刘家峡—关中，750kV 官厅—兰州东、乌北—玛纳斯、西北新疆联网第二通道，1000kV 皖电东送、淮南—上海、浙北—福州等输电线路工程上成功应用。上述已成功完成工程应用的扩径导线按结构形式可分为疏绞型扩径导线和铝管支撑型扩径导线。

（1）疏绞型扩径导线。疏绞型扩径导线生产价格较低且生产工艺成熟稳定，但扩径比不宜大，使用时需注重其结构稳定性。该类扩径导线可有效降低输电线路工程投资，主要应用于架空线路和跳线，以减小电晕损耗及电晕所派生的无线电干扰和可听噪声，改善电磁环境。

（2）铝管支撑型扩径导线。JLHN58K-1600 扩径导线为铝管支撑型扩径导线，该类扩径导线将部分导电材料制成空心金属铝管达到扩径效果，虽不增加导电材料但其弯曲半径至少为导线直径的 20 倍，故不利于施工且成本较高。该类扩径导线主要应用于变电站母线，以保证电晕损耗、无线电干扰及可听噪声满足环保限制条件，有利于环境保护。

我国已完成扩径导线在弧垂特性、自阻尼特性、过滑轮特性、铝股应力分布规律及压接特性等方面的应用特点研究。综上所述，扩径导线的研究和应用在我国已具备一定基础。用于架空线路的疏绞型扩径导线在我国已有大量工程应用及研究成果，并已完成系列化研究，为工程应用的扩径导线选型提供了便捷；用于跳线的扩径导线主要目的是改善特高压耐张塔的电磁环境，故对于人口密集地区、高海拔地区的扩径跳线应进行个案分析处理；用于变电站母线的扩径导线已在工程应用，但型号规格较少，为了便于工程应用选型，应通过有限元仿真结合工程总结对其进行系列化研究。

随着我国特高压交流线路的不断建设，扩径导线的用量也将不断增加，扩径导线的应用具有广阔的应用前景和市场推广价值，可产生显著的经济效益和社会效益。